12396北京新农村科技服务热线咨询问题选编

孙素芬　主编

中国农业科学技术出版社

图书在版编目（CIP）数据

12396 北京新农村科技服务热线咨询问题选编 / 孙素芬主编．—北京：中国农业科学技术出版社，2012.10

ISBN 978 - 7 - 5116 - 0746 - 1

Ⅰ．①1… Ⅱ．①孙… Ⅲ．①农业技术 - 信息咨询 - 问题解答 Ⅳ．①S - 44

中国版本图书馆 CIP 数据核字（2012）第 251272 号

责任编辑 徐 毅
责任校对 贾晓红

出 版 者 中国农业科学技术出版社
北京市中关村南大街 12 号 邮编：100081
电 话 (010)82106631(编辑室) (010)82109704(发行部)
(010)82109709(读者服务部)
传 真 (010)82106624
网 址 http://www.castp.cn
经 销 者 各地新华书店
印 刷 者 北京富泰印刷有限责任公司
开 本 880mm ×1 230mm 1/32
印 张 8.375
字 数 230 千字
版 次 2013 年 1 月第 1 版 2013 年 1 月第 1 次印刷
定 价 20.00 元

编　委　会

主　　编：

孙素芬（北京市农林科学院农业科技信息研究所）

副 主 编：

赵卫东（北京市科学技术委员会农村发展中心）

王之岭（北京市农林科学院）

罗长寿（北京市农林科学院农业科技信息研究所）

曹承忠（北京市农林科学院农业科技信息研究所）

张峻峰（北京市农林科学院农业科技信息研究所）

编写人员：（按照姓氏拼音顺序排序）

曹承忠（北京市农林科学院农业科技信息研究所）

郭　强（北京市农林科学院农业科技信息研究所）

罗长寿（北京市农林科学院农业科技信息研究所）

李守勇（北京市科学技术委员会农村发展中心）

李志军（北京市科学技术委员会农村发展中心）

刘　佳（北京市科学技术委员会农村发展中心）

沈翠红（北京市农林科学院农业科技信息研究所）

王金娟（北京市农林科学院农业科技信息研究所）

王　铮（北京市科学技术委员会农村发展中心）

魏清凤（北京市农林科学院农业科技信息研究所）

张峻峰（北京市农林科学院农业科技信息研究所）

赵淑红（北京市科学技术委员会农村发展中心）

序 言

"12396星火科技热线"是国家科技部与工业和信息化部联合建立的星火科技公益服务热线。"12396北京新农村科技服务热线"是由北京市科委农村发展中心与北京市农林科学院联合共建的，热线自2009年正式开通以来，在北京市郊区13个区县进行了服务应用，现服务已辐射扩展到全国其他24个省、市、自治区，取得了良好的经济和社会效益。

在服务过程中，热线积累了大量的生产技术和实践方面的问题，其中很多都对农业生产和管理具有良好的借鉴作用。为了更好地发挥这些咨询问题的知识积累和科技服务的作用，编者在充分尊重专家实际解答咨询服务的基础上，对农业生产技术问题进行了重新整理和加工。本书汇集了蔬菜、果树、玉米、小麦、养猪、养鸡、养牛、养羊等不同生产门类的种植、养殖问题，希望通过这些精选的问题更好地传播知识，为解决生产上出现的类似问题提供参考与借鉴，更好地发挥农业科技的支撑作用。

本书中涉及的农业生产问题及解答，一般都是针对咨询者提出的现实问题，进行个案的具体问题具体分析后给出的答案，出现类似问题的其他农户，可以此作为解决自己生产问题的技术参考。由于农业生产具有实践的现实性、复杂性，而同时专家解答是建立在问题个案的实践基础上，具有现实环境、条件及发生情况的限定性，因此，本书内容仅是对相关的技术问题提供一个解决问题的参考，切忌把专家解答当成对照执行的教条，这一点请广大读者理解。"12396北京新农村科技服务热线"的问题主要来源于京郊用户，为了节约文字，书中的咨询问题除在内容中特殊注明的以外，生产情况、问题和解答都是基于北京市农业生产的气候、农时，因此，提醒外省市的用户在进行参阅时，请考虑当地的生产实践，不要全盘照搬。

为了保证问题和解答不出现偏差，向生产者提供最清晰的实践参考，我们在编辑过程中，在保持忠于专家解答问题的原始记录基础上，进行了文字、形式等方面的编辑加工，尽量做到简洁、通俗、科学、严谨。鉴于作者的技术水平有限，文中难免有所疏漏，敬请各位同行和广大读者不吝赐教、批评指正！

在选编过程中，该项工作得到了“12396 北京新农村科技服务热线”服务专家的大力支持，在此一并表示感谢。为了保证对咨询问题解答的正确性、科学性和权威性，本书成稿后，曾多次恭请热线专家对本书汇集的问题进行了逐一的审阅，都得到了专家的认可，专家审阅的具体内容如下：

蔬菜栽培：

陈春秀（北京市农林科学院蔬菜研究中心研究员）

司亚平（北京市农林科学院蔬菜研究中心研究员）

王永健（北京市农林科学院蔬菜研究中心研究员）

张宝海（北京市农林科学院蔬菜研究中心副研究员）

蔬菜病虫害防治：

李明远（北京市农林科学院植物保护环境保护研究所研究员）

石宝才（北京市农林科学院植物保护环境保护研究所副研究员）

果树栽培：

鲁韧强（北京市农林科学院林业果树研究所研究员）

程丽莉（北京市农林科学院林业果树研究所助理研究员）

董　静（北京市农林科学院林业果树研究所副研究员）

果树病虫害：

徐　筠（北京市农林科学院植物保护环境保护研究所高级农艺师）

果品贮藏：

王宝刚（北京市农林科学院林业果树研究所副研究员）

农作物种植：

尉德铭（北京市农林科学院玉米中心副研究员）

张风廷（北京市农林科学院玉米中心研究员）

张有山（北京市农林科学院营养与资源研究所研究员）

食用菌：

陈文良（北京市农林科学院植物保护环境保护研究所研究员）

畜禽养殖：

刘华贵（北京市农林科学院畜牧兽医研究所研究员）

畜禽疫病防治：

刘月焕（北京市农林科学院畜牧兽医研究所研究员）

水产养殖：

黄燕平（北京市农林科学院水产科学研究所研究员）

感谢参加“12396 北京新农村科技服务热线”服务的专家以及为本书提供指导的各位专家，没有您们的辛勤劳动，就没有本书的成稿、付梓！

感谢北京市科委农村发展中心及北京市农林科学院的相关领导对本书的编写提供的大力支持，在此表示感谢！

编　者

2012 年 8 月 24 日

目　录

第一章 蔬 菜

一、蔬菜栽培

（一）瓜类

1. 为什么有些黄瓜只长秧子不结瓜？

可以从两个方面找原因，一是品种选择是否对路，不同设施和季节采用不同的品种。二是栽培管理是否得当，如果蹲苗期没有控水，加上过高的温度管理，极易促进营养生长，抑制生殖生长，所以只长秧子不结瓜。栽培上应注意黄瓜定植缓苗后要进行蹲苗，直到根瓜黑把时浇水；保护地栽培时注意控制夜间温度；采用配方施肥，减少氮肥用量，防止贪青旺长。

2. 秋冬季节黄瓜栽培管理应注意哪些问题？

这个季节温度不断下降，光照强度减弱、光照时数少，黄瓜易感病。应注意以下问题。

（1）温度管理：晴天时日温控制在28～30℃，夜温保持在14～16℃；阴天时日温保持在20～22℃，夜温保持同上。

（2）肥水管理：定植缓苗后要进行蹲苗，根瓜采收后开始随水追肥，根据土壤肥力可隔次施肥，亦可水水带肥。浇水要选择晴天上午，采用滴灌或膜下暗灌。浇水后要加强通风，降低室内湿度。

（3）光照管理：①在保证适当温度的前提下，尽量早揭苫晚盖苫，延长光照时间；②清除膜上的灰尘和草屑，提高薄膜透光率；③在温室后墙悬挂反光幕，增加温室北部的光照强度。

（4）药剂防治，一旦发生病害要及时进行药剂防治。

3. 黄瓜叶子发黄、萎蔫原因有哪些？

黄瓜叶片发黄，萎蔫（图 1－1），造成这种现象出现的原因比较复杂，可能的原因有：

图 1－1　黄瓜田间枯萎症状

（1）可能是根部出现问题。

（2）也可能是放风过猛过大，植株不适应，出现萎蔫。也可能是连阴天后，突然晴天，阳光充足，蒸腾作用突然加大造成萎蔫。

（3）还有可能是出苗后，苗床湿度大，造成子叶期发生霜霉病，从而造成萎蔫。子叶期霜霉病症状：子叶背面没有水浸状的病斑，子叶发黄，严重时，子叶干枯，脱落。一旦发现此症状，要及时进行防治。管理上进行通风，降低苗床湿度，使用防治霜霉病的药剂进行防治。

4. 温室中午温度在 35℃左右，前沿底部放风，黄瓜真叶皱巴不伸展，叶片边缘发黄，是什么原因？

主要是黄瓜生理问题，应在温度管理上注意控制。黄瓜白天最高温度保持在 30℃比较合适，35℃的温度偏高，当前（3 月底）温室

放风，应该采取放上风口，如果采取放底风为时过早（外界温度稳定在15℃时，才能放底风）。另外，放风时要控制风口，不要一下放很大，要逐步放开，让黄瓜植株慢慢适应。

5. 接穗的根从砧木的茎中长出的黄瓜嫁接苗是不是还能用？能不能当实生苗来使用？

（1）一般来讲，这样的瓜苗不是合格的嫁接苗。嫁接的目的，就是为了利用砧木根系的抗病性，达到抗病丰产的目的。而这种嫁接苗定植后接穗的根会继续生长取代砧木的根系，使嫁接完全失去作用，达不到抗病、抗寒及提高根系活力的作用。

（2）这种苗一般不能当实生苗用。但是如果没有别的苗子可用，再育苗又来不及的情况下，也可以少量使用顶替实生苗。不过在黄瓜根部病害比较严重的地区，有可能造成减产，因此，生产上要尽量不使用。

6. 黄瓜一亩地用鸡粪－秸秆肥5～6车，还有K_2SO_4 50千克/亩①，过磷酸钙100千克，同时施用了铁、镁、锌等中微量元素。还需要多施微肥吗？

缺不缺肥主要看作物有无缺素症状，如无缺素症状就没必要多施，用户已用较多的优质有机肥，其中一般都含有中微量元素，同时又施了中微量元素，没必要再补充更多。可以在结果期注意隔一水追一次速效氮、钾肥料。

7. 露地黄瓜定植已有20天，定植后温度保持在11℃以上，未打药和施肥，7天前浇过一次水。植株下部一片真叶叶脉发黄，是什么原因？

黄瓜生长适宜的温度白天26～30℃，夜间要15℃以上，缓苗阶

① 注：1亩≈667平方米。全书同

段 20℃，11℃的温度偏低，植株现在的状况是温度低造成的，待温度适合以后，植株就会快速改善这种生长情况。

露地黄瓜定植 20 天，一般温度正常的话，植株高度应该在 1 米左右，此时，最下边的第 1、第 2 片真叶对植物营养作用不大，这时下部 1~2 片真叶发黄，可以不用特别措施进行处理，也可以打掉。

8. 夏季露天黄瓜瓜秧长得很好，但刚结的小黄瓜都死掉了，是怎么回事？

这种现象是化瓜。化瓜是黄瓜生长过程中营养生长和生殖生长失调所致的不良状况，即植株营养生长过旺，造成不结瓜或者即使结了瓜也很快化掉。光照不足，种植密度太大，结瓜前浇水不当，都会引起化瓜。特别是露地黄瓜，如雨水大，易造成化瓜现象，所以，露地黄瓜一定注意排水通畅，防止积水。

9. 露地黄瓜 50 天已经结瓜，长势太旺怎么管理？

主要措施是控制肥水，避免过度供给水肥。当前植株生长太旺，可以打掉下部的一部分功能叶，降低营养生长的速度。同时，注意观察，如果能正常结瓜，就表示没有什么问题。因为植株结瓜后，植株营养生长向生殖生长过渡，植株长势一般就没有那么旺了。

10. 冬春季黄瓜、南瓜、甜瓜、番茄、茄子、彩椒适宜定植的苗龄是多少天？为什么甜瓜幼苗发黄？

（1）根据设施条件灵活掌握苗龄。黄瓜、甜瓜适宜定植的日历苗龄一般为 28~35 天。南瓜适宜的日历苗龄为 25~30 天。番茄适宜定植的日历苗龄为 60 天左右。茄子、彩椒适宜定植的日历苗龄为 70 天左右。

（2）有几种原因可造成甜瓜幼苗叶片发黄：①床土或育苗基质养分含量过高；②床土或育苗基质过干或过湿；③长期低温寡照；④根系有病害发生。

11. 薄皮甜瓜怎样留瓜产量高且成熟上市早?

薄皮甜瓜栽培方法不同，整枝方法不同，留果的多少也不同，产量也大不一致。日光温室一般采用单蔓整枝，要想高产，可在4~6片叶时，留3个果，到15~18片叶时再留3个果，第3批果是在植株的顶部，也就是在25~30片叶时再留2个果，每株共留果8个左右。每亩密度在1 800株，产量可在4 000千克左右。

大棚种植方法有两种，一种是同日光温室一样的栽培方法；另一种是地爬式的栽培方法。植株长到6~7片叶时，摘心，出现侧蔓，选择两条健壮的子蔓留下，其余的都去掉。两条侧蔓长到7片叶时，再留下两条健壮的孙蔓，当孙蔓上出现雌花时进行授粉，每株留4个果。每亩定植800株左右，产量在2 000~2 500千克。这种栽培方式虽然产量不如立架栽培的高，但是可以集中上市，早熟，价格高。

（二）番茄、茄子

1. 夏季大棚种植番茄类应注意哪些问题?

应注意以下问题。

（1）由于大棚番茄生长阶段正是处于北京雨季，首先要在大棚周围挖好排水沟，防止雨水灌入大棚内。

（2）浇水要选择在傍晚进行，这时气温、地温下降，有利于根系吸收。

（3）番茄开花坐果正处于高温季节，容易落花落果，在开花时，为了防止落花现象，确保果实正常生长，用防落素进行喷花。

（4）高温对于番茄生长发育很不利。要有良好的通风条件，降低大棚内的温度，湿度，防治病虫害的为害，确保夏季番茄的正常生长。大棚四周塑料薄膜，除降雨时放下外，其他时间全部掀起到1.2米高度，形成四周通风，棚膜只是起到防雨降温的作用；有条件的，在晴天温度高时，10：00~15：30在大棚膜外面覆一层50%遮阳率的遮阳网。

（5）有效降低大棚内的温度，防止病毒病的发生。到 8 月 10 日前后撤掉遮阳网。

（6）为了防止外界害虫进入大棚内，在风口处加上防虫网，棚内挂黄板，可有效防止害虫的为害。

（7）由于夏季雨水多，温度高、湿度大，番茄易得灰霉病、叶霉病，到番茄生长后期，晚疫病易发生，所以要定期喷药，要在温度低时喷药，防止药害的出现。

（8）夏季大棚番茄首先选择抗病品种，特别是选择抗黄化曲叶病毒的品种，近几年尤为重要。

2. 辽宁葫芦岛农户温室大棚里种植的番茄，出现大批植株萎蔫现象，不知是什么原因，如何解决？

可能有几种原因造成：

第一，重茬造成根腐病发生；

第二，线虫病造成这种现象；

第三，番茄的黄化曲叶病毒病所致。

解决办法：

一是要倒茬轮作，或嫁接栽培；轮作是为了防止重茬，最好跟非茄科作物进行轮作；嫁接主要目的是为了防止根腐病的发生。

二是要进行土壤消毒，高温闷棚，防治线虫病；消毒药剂可使用常见的土壤消毒剂或者杀线虫剂。

三是要防治烟粉虱。烟粉虱是番茄黄化曲叶病毒病的传毒媒介，一旦温室有烟粉虱发生并带毒，会很快蔓延全室，造成毁灭性损失。

3. 大棚番茄早晨和晚上都没问题，中午出现植株发蔫是什么原因？

首先看病株的根系是否异常，茎部维管束有无褐色病变现象，如果没有变色就不是病害，而是生理现象。有可能苗期施氮肥过多，苗

龄过长，从而使番茄植株徒长严重造成萎蔫；或者定植密度大，氮肥过多，茎叶生长过旺，叶面积太大，造成萎蔫；定植后，管理措施不得当，或者有白粉虱、蚜虫等虫害发生严重，造成萎蔫；连续数日阴雨天气（大雾天气）后骤晴，高温时放风过急等因素都会造成萎蔫。可根据上述分析观察确定原因，进行针对性解决。

4. 大棚番茄育苗和定植后如何进行温度管理?

温度管理对大棚番茄非常重要，甚至影响花芽分化和番茄产量。一般情况下，播种后温度保持在白天28～30℃，夜间18～20℃，出苗后白天25～26℃，夜间13～15℃，定植前进行炼苗，夜间维持在8～10℃。

定植后7天内需保持较高的温度，白天30℃左右，夜间18℃以上，可促进缓苗；缓苗后温度适当降低，白天25～28℃，夜间13～15℃。

5. 大棚番茄有一半苗发黄，主要是植株下部叶子黄，还有死苗现象，是什么原因?

造成一半番茄苗叶子发黄的原因，可能跟温度管理和施肥的数量、施肥的方法有关。番茄叶片发黄可能是以下两方面的原因：

（1）温度低，温差大。刚栽种上的番茄，温度和湿度都应该高些，白天上午温度28～30℃，下午20～25℃，夜间18～22℃。

（2）施肥方法的问题，要施用腐熟的鸡粪，施肥要充分地混合均匀，这样就不会把苗木栽到鸡粪上，造成叶子发黄。

6. 大棚番茄暖棚育苗，第1、第2穗发生畸形花果，第1穗发生得少一些，第2穗发生得多，果实上有裂纹，是什么原因?

分析可能是以下3个因素造成：

（1）育苗期温度过低，造成花芽分化不正常，以致番茄果实发育时出现问题。

（2）茶黄螨为害，但植株没有表现出症状，因此这种可能有，但可能性低。

（3）缺硼引起，番茄缺少硼素会出现畸形花，果实也会出现裂果。建议用0.1%～0.25%的硼砂叶面喷施。

7. 北京冬季连栋温室能种番茄吗，如果不能，什么时候能种？种植小番茄行吗？每亩地产量多少？

不论是大番茄还是小番茄，北京地区的冬季连栋温室在加温条件下都可以种植，如果在不加温条件下就不能种植，一般到春季3月上中旬才能定植。根据栽培条件和管理技术不同，长季节栽培小番茄，每亩能产4 000～6 000千克。

8. 番茄第1穗畸形果、裂果是怎样造成的？

番茄的畸形果、裂果（图1－2、图1－3）一般是因为育苗时夜温过低，花芽分化不好，造成畸形花，进而生成畸形果。以后育苗时注意，特别是2～4片叶时温度要不低于13℃。

图1－2　番茄的畸形果

图1－3　番茄的裂果

9. 前期高温时栽种番茄，浇水后覆膜，现在根系发黑是怎么回事？

根系发黑的一个原因可能是浇水过多，造成朽根；另外一个可能的原因是底肥掺得不匀、造成烧根，番茄根部也会逐渐变黑。

10. 番茄有两个问题：一是快熟时裂果，二是不好吃，即使熟了也有一股青涩味，是什么原因，可以采取什么措施改善？

（1）番茄裂果是后期浇水过多所致，建议果实成个后控制浇水，即可防止裂果。另外，在打顶尖时，一定在最上部留一个侧枝，可起到促进植株水分蒸发的作用，也可防止裂果现象的出现。

（2）番茄不好吃，关键的问题是糖分不足，品质欠佳。改善措施是：进行精细管理的同时，坐果后定期喷施磷酸二氢钾，促进营养转化，以增加果实糖度优化品质。

11. 番茄长得慢、膨果小是什么原因造成的？如需要施肥，如何进行？

（1）果实膨大速度与田间管理具有相关性，如温度、土壤水分、养分的管理，以及与植株营养生长与生殖生长的协调等因素都有关系。

（2）当第1穗果实50%达到核桃大小时就应该浇水施肥了，一般采取沟施方法，每亩尿素10千克，硫酸钾7千克，将肥料埋好后浇水。亦可配合叶面喷施0.3%磷酸二氢钾，每7~10天喷洒一次，可提高果实品质，促进果实膨大。

12. 陕西大荔可以栽圣女果吗？管理有什么特殊要求吗？

（1）圣女果与其他番茄品种要求是一样的，只要那里可以种番茄就可以种圣女果，所以，陕西大荔可以种圣女果。

（2）圣女果栽培管理没有什么特殊的要求，跟传统的番茄栽培管理是一样的，只要按照正常的番茄栽培管理技术进行即可。

13. “茄砧一号”有什么特点？

“茄砧一号”特点是：高抗线虫病、茄子黄萎病、枯萎病、青枯病等土传病害；嫁接成活率高，对茄子品质无不良影响。植株刺少易操作，茎秆硬，不倒伏。根系发达，对低温干旱等逆境的抵抗能力增强，植株生长旺盛，坐果率高，延长了采收期，提高了产量，经济效益明显高于普通栽培。

（三）辣椒、青椒

1. 农户10多亩露地辣椒，2月初在温室育苗，3月10日（已有7、8个叶）假植在日光温室里。5月4日定植，定植后在10天内连浇了3次水（三次为：定植当天、隔日及一周后）。辣椒不长，节间短，处在低洼地区的叶片发黄，问是什么原因？

造成这种现象的原因分析可能是：

（1）假植的时间过长，原有的根活力下降，加上定植后水分过量，无新根喷出，老根变褐、吸收能力下降。

（2）整地高低不平，造成定植后，土壤水分不均匀，在高处的植株缺水，根系发育不好。而在低洼处的植株，经水泡根系吸收受阻，造成叶片从边缘变黄。

治理方法：

（1）整地要平整，高低一致。

（2）浇水后要及时松土，提高土壤通气性。

（3）可在定植穴覆盖一些土，促进新根长出。

（4）改进育苗方法。避免拔苗移栽，用营养钵或穴盘育苗。

（5）如再种这个茬口的辣椒，可适当晚播，缩短假植的时间或不通过假植直接定植。

2. 温室大棚的辣椒苗期进雨水如何应对？

每天注意收听天气预报，雨前把温室底脚棚膜放下来，防止雨水进入。已经被雨水泡过的辣椒苗，可先浇一次清水，然后用杀菌剂灌根，防止病害发生。

3. 青椒的岔特别多怎么处理？

把无效枝条打掉，如果植株非常茂盛，可以将中间的一些枝条打掉。

青椒在栽培管理上与辣椒不同，一定要注意整枝。一般采取四干整枝方法。四干整枝方法也叫双杈整枝法，即保留四门斗椒上的4对分枝中的一条粗壮侧枝作为结果枝。这样株型大小适中，兼顾了早期产量和总产量。

4. 日光温室青椒靠近风口地方嫩叶出现干叶现象，是什么原因造成的？

放风时温度过低，冷风进入，造成冷害所致。注意：在放风时，风口逐渐打开。在外界气温低于15℃时，不要放底风口。日光温室进门处，用薄膜、竹竿立起1米左右高，3米左右长的放风屏障，防止门口冷空气进入时造成冷害。

（四）萝卜、白菜及叶菜

1. 萝卜的适宜播期是什么时候？

萝卜可以7月下旬播种，生食萝卜如“心里美”可在8月上旬播种。

2. 想搞萝卜工厂化种植，请问什么灯能代替日照？

日照是植物生长除了营养和水之外的必要因素，但日光是无法控制的。目前已经研制出了多种植物生长灯，作为植物生产的人工光源使用。生产上常用的有LED植物灯、GE高光通钠灯，这两种灯是替代日照的最佳光源。这些替代光源具有全光谱特性，可提供植物生长所需的全部光照，能够极大地缩短植物生长所需要的时间。

需要提醒的是，要对萝卜工厂化种植经济效益进行分析，防止出现盲目投入过大，收益较低的现象。

3. 大白菜与油菜在一个大棚内利用蜜蜂制种会不会相互传粉?

这种情况下会造成互相传粉。因为大白菜与油菜同属十字花科的植物，又都属于虫媒花，可以通过蜜蜂互相来传粉，一旦种在一个大棚内，容易造成品种混杂，因此，必须隔离制种。

4. 夏季大白菜栽培注意事项有几点?

夏季大白菜栽培特别需要注意的问题有以下几点：

(1) 选择耐热、早熟品种。

(2) 选择排水良好、前茬为非十字花科作物的地块。

(3) 精细整地，耙平施肥后做成高垄畦。

(4) 播种后及时浇水，做到三水齐苗。

(5) 加强肥水管理，避免土壤忽干忽湿

(6) 雨后及时打药防治病虫害。

5. 大白菜为什么不包心?

大白菜播种过晚就会包不上心，北京地区应在立秋左右播种，过早则病害严重，过晚则包心不实。

6. 北京地区种大白菜亩产有多少?

大白菜产量与品种、播种密度、播种期以及栽培管理措施等多种因素有关。要想获得高产，首先应选择高产优质品种；其次，适时播种，而且栽培密度要适宜；第三，栽培过程中要精细管理，这样一般都能获得较好的收成。一般情况下，北京生产大白菜，通常的产量都能达到亩产 5 000千克。

7. 生菜不包心是怎么回事?

生菜不包心，是生产过程中极少见的现象，但某些品种原因和温度管理不适宜，都会引起不包心。分析时，首先要知道是否是品种原

因，如果不是，可能是温度管理过高引起，可降低室内温度，白天保持在20℃左右，夜间8～10℃。另外还要控制浇水量。

8. 越冬菠菜，播种后什么时候进行塑料薄膜覆盖最合适？

进行地膜覆盖是冬季进行保温的一项重要措施，越冬菠菜，播种以后一般先不要覆盖地膜，待出苗后生长一段时间，气温开始下降后，要先浇防冻水，浇后再进行地膜覆盖，这样就可以达到很好的保温、保墒效果。

9. 农户准备在露天种植越冬茬菠菜，预备过年以后上市，需要在什么时候播种合适？

北京地区菠菜种植茬口有春茬、夏茬、秋茬、越冬茬和埋头菠菜等几种，农户要求年后上市的茬口包含了越冬茬和埋头菠菜两种。越冬茬菠菜应在9月下旬至10月上旬播种，植株有一定大时越冬成活率高。如果是在庭院小气候下也可以稍晚播种，小株抗寒力差，可覆盖薄膜保护越冬。埋头菠菜要在11月中旬左右，即土壤即将封冻前播种，冬前不出芽，来年可比春茬菠菜早一些，用户可以根据以上菠菜茬口、上市时间以及自己的需求进行具体安排。

（五）西葫芦及其他

1. 西葫芦第1个果留不留？如果留，应注意什么问题？

（1）西葫芦第1个果留不留要看植株长势强弱，如长势强就要留，如长势弱，就可以摘掉。

（2）如留第1个果，需进行授粉或用激素沾花保果。

（3）如果不留第1个果，应及时摘除，以免影响上面结果。

2. 西葫芦坐果后腐烂是什么原因，该如何处理？

西葫芦坐果后腐烂（图1－4）一般都是由顶花腐烂引起，把顶花及时摘掉，即可防止烂果。另外，保护地湿度太大也是西葫芦烂果的另一个诱因，应注意及时通风除湿。

3. 冬季温室种植西葫芦，哪个国产品种抗寒性好一些？

西葫芦适合冬季种植的抗寒品种有京葫 12、京葫 33、京葫 36、冬玉，这几个品种在日光温室比较抗寒，一般在 1 月播种、2 月定植。

4. 西葫芦为什么长大头，怎么解决？（图 1－5）

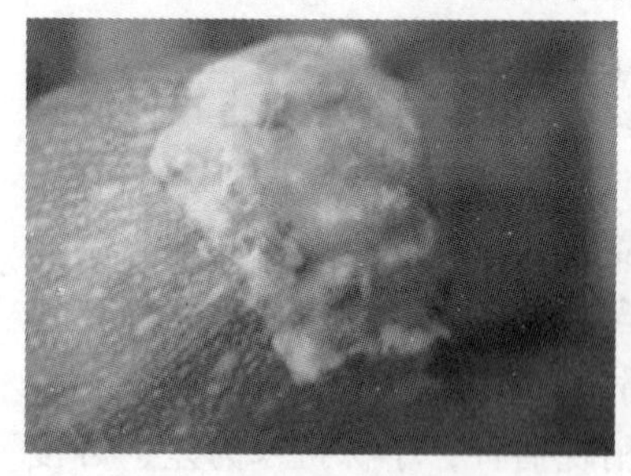

图 1－4　西葫芦腐烂

图 1－5　西葫芦田间大头现场

（1）西葫芦“大头小尾”，主要是缺乏营养造成的。

缺乏营养的原因较多。一是瓜留得太多，营养不足。二是棚温较低，影响了根部的营养吸收。三是低温促进雌花大量的形成，如果没有及时的疏花、疏果，长出的西葫芦就会因营养不足，大头小尾。四是下面的果实处于旺盛的生长期，将新生果实的养分夺走了。五是生长素使用不当引起。

（2）针对第一种情况，可增施一些氮肥，一般就可以解决。其他的几种情况，就要根据具体情况采取对应的措施。

5. 葫芦同时播种几株，待植株长到 10 厘米时，只留 1 株而剪断其余，能否让葫芦结得更大？

这种说法没有科学性。葫芦大小，主要是跟品种性状有关，选择

大葫芦品种，在水肥管理适宜的情况下，一般结果较大。另外，通过嫁接方法处理的葫芦苗，由于嫁接根系发达，在进行科学管理的条件下，也能够促进大葫芦形成。

6. 阳台上种的葫芦叶子从下往上逐渐发黄，没结葫芦，是怎么回事?

从葫芦植株的情况看，可能是缺乏营养和光照不足而引起的，尤其是葫芦植株藤蔓生长快，需肥量大，阳台种植可能土壤量小，肥料不足，就会引发这种现象。建议对葫芦进行施肥，补充速效氮肥，比如碳酸氢铵等，注意不要施肥过多，防止烧苗。改善光照问题，要注意进行调节葫芦的植株藤蔓方向，尽量改善光照。

7. 东北的油豆在北京地区能种吗?

正常情况下应该能种。可在春季2月份进行播种育苗，苗龄在30～40天，3月下旬定植在大棚内，小高畦栽培；另外，春露地种植，要提早育苗，可在3月底育苗，4月底定植，收获期在6月至10月中下旬。

8. 3月份种的豌豆遇到春寒后盖上地膜10天还没出苗，是否需要补种一茬?

要根据情况进行具体分析。一般情况下，豆类发芽过程中需要温度适宜、更多的水分以及合适的光照等条件，遇到低温，可能延长发芽时间；遇到极端低温时可能被冻死。可以掀开地膜查看一下种子的情况，如果种子已经出现坏死，就需补种；如果种子没有什么问题，等到温度适宜时，豌豆就会正常出苗。

9. 架豆没有花且不结果，怎么回事?

关于菜豆包括架豆不结果的问题，要根据具体的情况来分析。如菜豆生长过程中遭遇冷害，豆秧长得过弱，营养生长得不到保证，自然不结果。这时要提高棚温，增施肥料，使植株发育促其结果。

另外一种情况，如果菜豆营养生长过旺，豆秧长得密度过大，就会光长豆秧，花少且不结果。对这种情况的菜豆要适当地控水、控肥，增加植株间的通透性，促使植株从营养生长向生殖生长转变，经过调整以后，植株花量增加，逐渐就能结豆荚了。

10. 大棚架豆直播20多天，发生干叶是怎么回事？

主要原因可能是温差大，白天温度27～28℃，晚上4～5℃。夜温过低，湿度大有液滴现象，太阳出来后就可能引起干叶。管理上，在这个时期控制好温度和湿度是关键。白天温度控制不要太高，保持在30℃以下，最高不要超过32℃，夜晚注意保温，尽量控制温度在12～15℃。大棚湿度控制在60%以下，防止叶面出现液滴，即可有效防止干叶现象发生。

11. 刚长出来的蒜苗上面有一段呈红色是什么原因造成的？冬天大棚内种蒜的温度多少适宜？

（1）这应当是温度低造成的正常生理现象。

（2）冬天大棚蒜苗生长的适宜温度为：夜间14～15℃，白天25～27℃。

12. 大蒜在北京地区什么时间种比较好？市场卖的蒜能种吗？

（1）北京地区大蒜春种、秋种都可以，春种一般在每年3月上旬种植，谚语有“种蒜不出九，出九长独头”的说法，就是春季尽量要早种；秋季一般在每年9月中下旬种植，露地越冬，翌年收获，秋种蒜蒜苗产量高、质量好，也可以收获青蒜。但应当注意，越冬蒜要设风障或加盖覆盖物越冬。

（2）市场上的蒜一般情况下可以作蒜种，但要注意，市场上有一些商品蒜头经过防芽处理，失去了出芽能力。需要先试验一下蒜能否出芽，然后再种植。如果大面积种植，可以选择脱毒种蒜，可以提高产量及品质。

（六）特菜

1. 盆栽蔬菜品种都有哪些？

蔬菜的品种很多，多数都可以进行盆栽，根据不同的用途和目的可以选择不同的蔬菜类型及品种，大型的蔬菜品种，适合园区观光盆栽；小型的蔬菜品种如观赏辣椒、矮生直立番茄等适合家庭盆栽。

可以进行系列化盆栽蔬菜的种植，以满足观光园区及家庭市场的需要。如药用蔬菜系列，花用蔬菜，野菜类系列，香草系列等。

建议盆栽品种：盆栽韭菜，盆栽草莓，盆栽番茄，盆栽小辣椒系列，盆栽碟瓜，盆栽南瓜，盆栽紫背天葵，盆栽番杏等。

2. 设施香椿种植技术要点有哪些？

（1）播种前浸种 12～24 小时。

（2）播种后保持土壤湿润。

（3）第一年，春季至秋季不要采收。

（4）出苗后间苗，株距 25～30 厘米。

（5）入冬扣棚，冬季可以适当采收。当年产量较低。

（6）第二年，5 月中下旬把棚膜撤掉，不要进行采收，让其自然生长，积累养分。

（7）到 11 月份把棚膜扣上，剪枝为 1 米左右，株距 30～40 厘米。

（8）施肥灌水，进入冬季采收阶段。

3. 香椿苗补播可以越冬吗？怎样防止小苗被虫为害？

（1）香椿苗补播可以越冬，催芽要在低温下进行。

（2）播种后，搭小拱棚，棚上覆盖防虫网，防止小苗被虫为害。

4. 根芹春节上市什么时候播种较为适宜?

根芹生长速度较慢,育苗期需要2个月左右,生长期需要4个半月至5个月,北方日光温室一般每年6月上旬播种,8月定植,2~3月份收获上市。

5. 根芹夏季如何浸种、催芽、播种?

炎热夏季根芹育苗一定要先进行浸种、催芽,否则会造成不出苗或出苗少等情况。根芹浸种时间24小时左右,浸种期间用清水淘洗2~3次,然后放到20℃左右的条件下催芽,可以吊在深井里,可以放在催芽箱或冰箱中,每天用清水淘洗一遍,可以在催芽后5天左右出芽前播种,也可以有少量出芽后播种。根芹种子细小,播种不宜深,可以与细土掺和后播种,夏季要进行遮阳、防雨等。保持土壤湿润,避免强光照晒、雨水冲刷。

6. 平谷设施保护地如何种植根芹,种植时间如何安排?

北京地区根芹最好的栽培方式是日光温室秋冬季栽培,在6月上旬育苗,8月上旬定植,翌年2~3月收获,根芹生长期长,苗期50~60天,定植后120天后才开始收获。因此,要注意把握好日光温室根芹播种期,过早温室温度尚高,过晚在翌年春季之前生长时间不够用,产量就会受到影响。此外,春季温室可以种植,11月上旬播种,2月上旬定植。春季大棚也可以种植,1月上旬育苗,3月上旬定植大棚,6、7月收获。

7. 个体承包户咨询本地是否可以种植芝麻菜?

一般情况下,芝麻菜适应性强,只要温度适宜即可种植。考虑到属于个体承包,建议开始不要大面积种植,先少量试种,试销对路后,再大面积发展。

8. 韭葱叶片退色变黄，叶片几乎全部干死，根稀少，是怎么回事?

先要分析一下叶片变黄的原因，观察叶上是否有病斑，如果是病害引起的叶片变黄，可能继而引起整个植株生长变差，没有了地上部营养来源，地下的根系也会变差。再分析一下，管理过程中是否有措施不当或环境不适的情况，比如雨涝、干旱或土壤温度低、浇水过多、EC 值过高等原因都可能引起根系生长受损，因而叶片褪色变黄。

9. 食用型羽衣甘蓝在浙江海盐能露地栽培吗?

食用型羽衣甘蓝在浙江海盐露地栽培没有问题。羽衣甘蓝的耐寒性、耐盐性还是不错的，应该能够适应当地的气候。种植安排上，和结球甘蓝的种植时间相近。注意羽衣甘蓝露地秋播一般需要在 7 ~ 8 月定植，否则，夏季气温太高、湿度过大时会生长不良或发生软腐病。冬季茬种植，只要最低温度不低于 -5℃就可以越冬，甚至能耐更低的温度，但温度低生长慢，产量低，越冬的羽衣甘蓝春季抽薹开花失去商品价值，应赶在抽薹开花前上市。

（七）蔬菜综合

1. 哪些材料可以作为基质原料用于蔬菜栽培? 如何利用?

（1）当地的秸秆、树叶、锯末、椰壳等废弃物均可作为蔬菜栽培基质原料。

（2）利用方法：上述原料与鸡粪混合进行发酵，每立方米原料内加 28 ~ 30 千克鸡粪、3 千克氮磷钾复合肥。在发酵时，为了使发酵迅速、发酵充分，可以利用发酵菌。充分发酵后，填充在事先准备好的栽培槽内，布设滴灌管。蔬菜生长的每个阶段，结合灌水施用蔬菜所需的氮磷钾肥料，也可用冲施肥。

2. 塑料大棚种植蔬菜品种如番茄、甜椒，想通过 75%遮阳网遮阳、降温，不知是否可行?

可以用 75% 的遮阳网进行遮阳、降温，但是不能长时间遮阳，应该在每天10：30～15：30使用。如果长时间遮阳，就会引起植株徒长，甚至落花落果。

如果是在塑料大棚种植，又处于开花坐果期，基本不提倡遮，因为放风量可以调节，如果是在日光温室，这一阶段就应该遮。

3. 设施蔬菜冬季生产中应注意哪些问题？

（1）温度：选用质量好的保温被或草苫，根据作物需要掌握好盖苫时间，以减少白天温室内蓄热量的损失。

（2）光照：①在保证设施内温度的前提下，尽量早揭苫晚盖苫，延长光照时间。②选用透光率高的新薄膜，经常清除膜上的灰尘和草屑，提高薄膜透光率。③在温室后墙悬挂反光幕，增加温室北部的光照强度。

（3）通风：在低温下，每天中午打开上风口不超过1小时；

（4）浇水：选择膜下暗灌，不要大水漫灌。浇水宜在晴天上午10：30以后进行。

（5）低温下易落花落果，因此，开花后可用保果宁等激素类喷花，确保坐果。

（6）设施内发生病害后，应选择晴天上午喷药，或选用烟熏剂。

4. 夏季蔬菜栽培中要注意哪些管理措施？

一是水肥管理。注意小水勤浇，可随水施肥；二是注意病虫害防治。夏季高温高湿，蔬菜容易感染病害，而且虫害发生、发展快，注意及时防治；三是气温升高，日照强烈，应对棚室蔬菜进行适当遮阳。

5. 如何进行蔬菜温室育苗催芽？

温室育苗催芽是进行生产的关键一步，对开展农业生产非常重要。一般情况下，种子先进行50～55℃温汤浸种。不同种类蔬菜浸泡时间不同，然后用湿布包上，放到催芽箱，根据蔬菜作物等种类不

同调节适宜的温度，每天冲洗种子 2 次，待 70% 种子萌发后，播种到温室苗床进行育苗。

6. 农村口粮田改种大棚可以吗?

政策上是允许的，北京地区自建大棚还有政策补贴。但是，在改种过程中，要进行充分的准备，最好进行测土施肥。原因是口粮田的土壤肥力一般比较低，而大棚蔬菜种植要求相对比较肥沃的土壤环境。

7. 北京 8 月后露地可以种植什么蔬菜?

北京 8 月中旬可以种植雪里蕻；9 月上旬可以种植菠菜；如果有提前育苗的苦苣、生菜秧苗可以在苗情合适时，在 8 月份随时定植在露地。

8. 冬季蔬菜电热线增温育苗该如何操作?

将床底整平，踏实后即可铺设电热线。铺线前在苗床两端插小木桩，木桩距离 10 厘米左右。苗床两边稍密，苗床中间较稍稀。铺线时 3 人 1 组，两头各 1 人负责挂线，中间 1 人来回绕线，线的松紧要适度。电热线两头接头应留在育苗床一端，以便接电和接控温仪。苗期管理同传统育苗。

9. 蔬菜无土栽培技术的优缺点和注意事项有哪些?

(1) 无土栽培与常规栽培最重要的差别，就是不使用土壤，直接用营养液来栽培蔬菜。为了固定植株，增加空气含量，大多数采用砾、沙、泥炭、蛭石、珍珠岩、岩棉、锯木屑等作为固定基质。其优点是可以有效地控制蔬菜在生长发育过程中对温度、水分、光照、养分和空气的供给，达到最佳要求。由于无土栽培不需要土壤，可节省肥水，节省人工操作，节省劳力和费用。其缺点是，一次性投资较大，需要增添设备，如果营养液受到污染，容易很快蔓延，另外，营养液配制需要一定的技术知识。

（2）无土栽培中使用人工配制的培养液，可供给植物矿物营养的需要。由于植物对养分的需求量因作物种类和生长发育的阶段而异，所以栽培不同作物配方也要相应地改变，如叶菜类需要较多的氮素（N），N 可以促进叶片的生长；番茄、黄瓜要开花结果，比叶菜类需要较多的磷（P），钾（K），钙（Ca）元素，需要的 N 则比叶菜类少些。生长发育时期不同，植物对营养元素的需求量也不一样。苗期番茄使用的培养液里的 N、P、K 等元素可以少些；随着植株的不断长大，要随之增加 N、P、K 等营养元素的供应量。夏季日照长，光强、温度相对较高，番茄需要的 N 量比秋季、初冬时多。相对地，番茄在秋季、初冬生长要求较多的 K，以改善其果实的质量。

因此，即使培养同一种作物，在其生长发育过程中也要不断地修改培养液的配方。这不仅需要栽培者具有蔬菜栽培技术，还要有较高的生理化学知识水平。

10. 黑龙江地区可以种植大蒜吗？

可以种植。由于物候条件限制，在黑龙江地区种植大蒜，需要注意两个方面，一方面，由于黑龙江地处东北，气温低，无霜期短，要考虑大蒜不能越冬的问题；另一方面，春季种植大蒜要充分考虑其品种适合性，以及生产时期等因素的影响。因此，黑龙江地区种植大蒜要注意选择合适的品种并安排好茬口，如果是露地，只能种植一般适合春季种类的大蒜品种。

11. “那氏 778”诱导剂能不能在蔬菜上应用？

“那氏 778”是云南省生态农业研究所那中元教授研制的以中草药原粉类为主要成分的诱导剂，具有一定的提高光合速率等作用。农户如果是种植绿色和无公害蔬菜的可以使用，如果是种植有机蔬菜就不能使用了。建议先小面积使用，做个实验，效果不错时，再大面积用。

12. 张家口涿鹿种植丝瓜怎么安排季节合适？

张家口地区比较冷凉，如果是露地种植需要在每年5月中旬定植，到9月中下旬结束。如是温室种植就可在每年2月下旬定植，直到8、9月结束。

13. 大棚越夏菠菜遮阳网什么时间遮盖效果好？

遮阳网在每天10：00～15：00时遮盖效果好，遮阳网与棚膜之间最好有一定的空间，降温效果更好。

14. 蔬菜施肥多了采取什么有效措施补救？

如果施肥轻微超量的话，对一些速溶肥料可以采取浇大水把肥料淋溶到地下的方法，应该能够缓解；对于非速溶肥料，也可以尝试使用浇水缓解，但效果不如速溶肥料浇水效果好，但也没有更好的办法了。如果施肥太多，已经造成了烧苗，致植株死亡，可以试试浇水缓解，但效果可能不太好，却也没有效果显著的补救措施了。

15. 半地下室能否种植芽苗菜？

正常情况下，半地下室能够种植芽苗菜。芽苗菜生产不需要直射光，有散射光即够用，但要保证温度最好在15～25℃，低于10℃生长慢，高于30℃生长不良。苗菜的种类很多，如豌豆苗、香椿芽、萝卜芽、荞麦芽等。对温度条件的要求也有差异。

16. 延庆比较冷，种植温室蔬菜会不会成本高一些？

在延庆种植温室蔬菜成本会高些。延庆天气寒冷，但光照强，温室种植蔬菜没有问题。种植果类蔬菜如黄瓜、番茄等要求温室建造成本较高，且需要具备加温设施；种植冷凉的叶菜一般的温室就可以，但最低夜温不要低于－2℃即可。延庆温室种植果类蔬菜虽然成本高，但有一定优势，可以和北京平原地区错开茬口进行夏季种植。有关统计数字显示，延庆的设施面积近两年激增，农民种植水平不高，种植上有很大潜力。

17. 延庆春节后种植大棚蔬菜的茬口应该如何安排?

延庆地区暖棚春季最好以种植果类菜为主，可以种植番茄、黄瓜、青椒、茄子等，这些蔬菜最好在2月间定植完毕，这样在五一节前后即可收获，但这个茬口种植蔬菜要提前育苗，或从其他公司买苗；也可以种植叶菜、冷凉菜等，比如，白菜、甘蓝、菜花、萝卜、芹菜、油菜、茴香、香菜、菠菜等。

冷棚种植的品种也比较多，如礼品西瓜、彩色大椒、辣椒、番茄等，也可以种植白菜、甘蓝、萝卜等，但种植每种蔬菜都需要一定的技术，延庆的保护地发展很快，可以先向别人学习一些经验，逐渐的掌握蔬菜种植技术之后再开始种植。

18. 温室育苗、开春后露天种植番茄、圣女果、小香瓜、大黄瓜、苦瓜这些蔬菜，什么时候开始育苗合适?

北京露地种植的番茄（包括圣女果）、小香瓜、黄瓜、苦瓜这些果类蔬菜，通常在4月下旬定植。小香瓜、黄瓜、苦瓜的苗龄为一个月左右，可在3月下旬播种。番茄苗龄相对较长，一般为50~60天，可在2月底至3月初播种。

19. 赣西地区种植越夏甘蓝什么品种合适?

想要种好越夏甘蓝，选择好越夏品种非常重要。现在网上热炒的越夏甘蓝品种有夏光甘蓝、夏丰甘蓝、早丰55等品种。但各地都有其特定的小气候，因此，要慎重选择品种。在赣西地区种植越夏甘蓝可以考虑以上品种，但建议先少量试种，试种成功后再进行大面积种植。

20. 大兴的土质和气候适合大棚种植哪些作物和蔬菜?

大兴不同的地区土质也有不同，一般沙性土质种植甘薯、山药、西瓜、萝卜、胡萝卜、土豆、牛蒡等比较适合，品质好，卖相好。黏性土壤的地区，地力好，但土壤性质不太适合土豆、萝卜等收获地下部分的蔬菜生长，最好种植白菜、生菜等叶菜。大棚可以种植很多种类的蔬菜，要根据当地情况定，最好参考当地种植什么品种多，互相能够进行学习和借鉴。

21. 浙江海盐种植蔬菜怎么换季、换茬比较合适?

根据浙江海盐的气候条件，春季至初夏和秋季可种果类蔬菜，盛夏可种速生的耐热蔬菜，冬季可种耐寒的叶菜。蔬菜种类较多，可根据市场的需求安排茬口，例如，春季至初夏种植黄瓜、番茄、苦瓜等，夏季种速生的苋菜等，秋季种黄瓜或矮生的菜豆等，冬天栽培小白菜等。也可以通过实践自己摸索总结。

22. 用什么方法能增加蔬菜大棚的 CO_2 浓度?

一般通过化学反应来提高棚内的 CO_2 浓度，可用稀硫酸加入碳酸氢铵产生 CO_2。现在市面上已经有售 CO_2 浓度发生器，使用较为方便。

二、蔬菜病虫害

(一) 瓜类

1. 冬瓜叶子枯萎是什么原因，该如何处理?

冬瓜叶子枯萎（图 1 -6）是由于长期连作，土壤中的枯萎病菌累积，引发根部病害所致，最好采用嫁接瓜苗并换茬口，发病初期用防治枯萎病的农药灌根防治。

2. 黄瓜大面积发生病毒病（图 1 -7)，该怎么办?

在黄瓜发生病毒病初期要检查大棚是否有蚜虫发生，以便及时消灭虫源。一旦发现蚜虫，需进行防治，因为黄瓜病毒病主要通过蚜虫

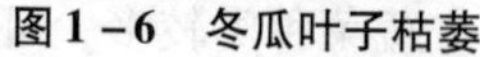
图1－6　冬瓜叶子枯萎

图1－7　黄瓜病毒病症状

进行传播，可用病毒A等药剂进行预防性防治。根据黄瓜当前情况，继续观察，如果病情继续发展，严重时需重新育苗换茬。进行换茬前，要对棚室进行闷棚，彻底杀灭蚜虫等传毒昆虫。育苗时需进行55℃温汤浸种，可杀死绝大多数种子表面带的病毒。苗期加强管理，培育无病壮苗。移栽后，用病毒A等药剂进行预防性防治。

3. 温室瓜苗嫁接后发生死秧，同时没有嫁接的砧木也出现死秧是什么原因？如何进行防治？

应该是苗期猝倒病侵染引起的。一般情况下，砧木对枯萎病具有抗性，但对猝倒病和疫病不具备抗性。如果农户温室内夜温为12～13℃，同时浇水较多，土壤湿度高，环境条件适合就容易导致猝倒病侵染。

建议用抗真菌的药物进行防治，如使用百菌清等在根部喷洒，同时暂时不要浇水，以降低土壤湿度，控制病害的发展。

4. 黄瓜瓜条上出现透明的胶珠是什么病？如何防治？

过去东北地区常发生一种类似的病害，农民称其为“淌油”（图1－8），实际上这是黄瓜黑星病的一种症状。这种病害还可以为害叶片、茎和卷须，在这些部位刺伤也会“淌油”。

图1-8 黄瓜黑星病

为了进一步确诊，需采样进行实验室检测。如果经检测确认是黄瓜黑星病发生，则比较好防治。可在发病初期及时喷洒50%多菌灵500倍液，7~10天1次，2~3次即可控制。

5. 植株1.5米高，结瓜鸡蛋大时大棚西瓜发生了病毒病，叶片都卷在一起，有什么药可以治?

病毒病只能预防，西瓜叶片已经卷在一起（图1-9），病毒病已经表现症状，施药只能进行缓解，植株不可能再恢复。

图1-9 西瓜病毒病

西瓜病毒病是由蚜虫（俗称“腻虫”）进行传播的。病毒一旦进入植株体内，就在细胞里存活，如果杀死它，细胞就会受到影响，因此，目前没有杀病毒的特效农药。可以使用缓解病毒受害的农药，如使用“病毒A”（7.5%菌毒·吗啉胍水剂）等，在发病初期进行防治。此外，防治蚜虫对预防该病十分重要，应当在大棚的通风口及入口处（大棚大门）安上防虫纱网，尽量防止蚜虫进入。药剂防治蚜虫可使用20%康福多可溶性液剂3 000倍液喷雾。

6. 大兴区冬瓜顶芽出现干枯，接着死秧是什么问题，如何防治？有没有可能是发生了根结线虫？

（1）根据描述的症状，可能是冬瓜枯萎病（图1－10）。最好的防治方法是利用嫁接技术对冬瓜苗进行换根。北京大兴的冬瓜产区，大部分农户使用这一方法防病。此外，嫁接防病对冬瓜的抗寒性、抗旱性都有提高，唯一的缺陷就是需要进行苗期嫁接，操作上相对比较麻烦些，需要掌握苗期嫁接技术并投入更多的人工。

图1－10　冬瓜枯萎病

（2）如果有线虫，一般情况下，根上会长出根结。除了根结线虫，土壤中还有一些外寄生线虫，但是外寄生线虫造成的伤口比较明显，也比枯萎病好诊断。咨询户冬瓜的根没有根结，颜色是白的，也没有明显的外寄生伤口，因此，判断发生根结线虫及外生性线虫的可能性不大。

如果确定有线虫为害，防治可用阿维菌素处理土壤，每平方米用

1.8%的药剂1毫升，对水后处理土壤，一次可以管一茬。下茬再用一次药剂。

7. 黄瓜烂根是什么原因引起，怎么防治？

黄瓜烂根有多种情况，但是主要是由两方面原因造成。一是由栽培的因素引起，如苗龄过长，定植时根部已受到损害，或移栽时栽得过深，新根长时间喷不出来，引起的烂根；又如，施用的有机肥未经腐熟，定植后引起了烧苗，造成了根部腐烂。另一类原因是根部受到了病菌的侵染。如根腐病菌、绵疫病菌等。一般来说，根腐病和绵疫病的发生，往往和根系的抵抗力低下有关，因此，烂根与瓜苗是否健壮也有一定的关系。

因此，要在分析原因的基础上进行治理。具体的防治方法是：

（1）要培育壮苗，适时定植。如果苗龄过长，宁可将茎下端盘在土面，也不要埋的太深。

（2）一定要施用腐熟好的有机肥作为基肥，以免烧根。

（3）尽量使用穴盘育苗，有利于保护根部，避免烂根的发生。

（4）根据墒情进行适当中耕，促进新根的发育。

（5）如果是由病菌引起，在发病初期，清除中心病株后，及时进行药剂防治。如果是根腐病，发病初期可选用药液灌根，如50%多菌灵可湿性粉剂或36%甲基硫菌灵悬浮剂500倍液，此外可用10%双效灵水剂200倍液，每株灌对好的药液250毫升，隔7~10天1次，连续灌3~4次。如果是绵疫病菌可选用72%克露可湿性粉剂600~800倍液、65%安克锰锌可湿性粉剂600~800倍液、72%克霜氰可湿性粉剂600~800倍液、72.2%普力克水剂800倍液和50%安克可湿性粉剂1 500~2 000倍液。每株灌对好的药液250毫升，隔7~10天1次，连续灌3~4次。

8. 黄瓜叶出现黄点是什么病，怎么防治？

可在叶片上形成黄点的病害有多种，均能形成叶斑，如叶斑病、霜霉病、褐斑病、炭疽病等。应根据症状初步判断病害种类，必要时要进行镜检，将病原搞清楚，确定是什么病，然后再针对性进行防治。

叶斑类病害一般可用百菌清、代森锰锌防治。如果是霜霉病，它发展得很快，发病了再使用这些保护性药剂往往控制不住。建议使用银法利、抑快净、克露等高效农药。如果是褐斑病、炭疽病可以使用世高，丙环唑，效果可能比上面的保护剂会好一些。

图 1－11　黄瓜霜霉病

图 1－12　黄瓜褐斑病

9. 嫁接黄瓜根部在靠近地表处腐烂能用硫酸铜灌根防治吗?

嫁接黄瓜根在地表处腐烂，一般不提倡使用硫酸铜灌根，因为它容易造成药害。常用 23% 络氨铜水剂 250～300 倍液、50% 琥胶肥酸铜 600 倍液，每株 200～250 毫升进行灌根。生产上有使用硫酸铜灌根防治黄瓜疫病的做法，因为这种病属于真菌性的，所以有一定的效果。参考使用的量是每亩 250 克，提醒农户谨慎使用，以免造成损失。

10. 嫁接黄瓜发生拟茎点根腐病和根腐病各用什么药?

黄瓜根腐病共有四种，即镰孢霉根腐病、拟茎点霉根腐病、腐霉根腐病及疫霉根腐病等。这四种根腐病均可使用 30% 恶霉灵水剂 800 倍液、恶·甲水剂 300 倍液、3% 恶霉·甲霜水剂 650 倍液、60% 琥铜乙·铝·锌可湿性粉剂 500 倍液灌根。

镰孢霉根腐病、拟茎点霉根腐病还可以使用 12.5% 多菌灵可溶性粉剂 250 倍液、60% 福·甲硫可湿性粉剂 700 倍液、50% 氯溴异氰

尿酸可溶性粉剂1 000倍液灌根。

腐霉根腐病、疫霉根腐病还可以使用25%甲霜灵可湿性粉剂，50%氟吗乙铝可湿性粉剂600倍液等灌根。灌根时每株用量200毫升左右，必要时再灌1~2次。

11. 日光温室黄瓜叶片上生小型病斑，是发生了什么病，如何进行防治?

黄瓜叶面小型病斑由黄瓜褐斑病（又称靶斑病）（图1－13）引起，能造成下部叶片枯死而减产。

图1－13　黄瓜靶斑病

根据农户黄瓜的发生情况，褐斑病已到发生的晚期，只有用药剂防治。可用的农药：常用农药有45%百菌清烟剂250克/亩、12.5%腈菌唑乳油2 000倍液、62.25%腈菌唑·代森锰锌（仙生）可湿性粉剂600倍液、10%噁醚唑（世高）水分散粒剂2 000倍液、20%丙硫咪唑（施宝灵）悬浮剂1 000倍液、40%福星乳油8 000倍液，40%多·硫悬浮剂500~600倍液等。保护地黄瓜可以在傍晚喷撒6.5%甲霉灵超细粉尘剂或5%百菌清粉尘剂，每亩次1千克。

以后种黄瓜要注意：

（1）与瓜类以外的蔬菜轮作，最好能达到3年。

（2）种子处理：55℃的温水浸15分钟进行消毒。

（3）通风降湿，减少叶面结露。

（4）及时清除病残（株、叶）集中销毁。黄瓜收获后带秧每亩使用4～5千克硫黄发烟熏棚。

（5）发生初期使用农药防治。

12. 黄瓜发生烂根，主要在茎基部以下一指处腐烂，叶片发黄，是什么病，如何防治？

黄瓜烂根发生的原因较多，这种情况可能是根腐病。

这种病害发生的原因也比较复杂。例如：使用的肥料发酵不好，会引起根茎部感染；定植的过晚，定植时缺乏新根，使植株根茎部抵抗力变弱，也可以引起根腐；定植时土温太低，不利根部的吸收，致使植株的营养不良，也容易发生根腐病；使用的嫁接苗砧木和接穗亲和力不好，致使根部发育不良；种植的土壤连茬过多，土中的病菌积累过多都可以引起根腐病。需要根据农户发生的具体情况，进行判断。

如果在发生的初期，可以使用50%多菌灵1 000倍液灌根（每株100～200毫升），有助于防治根腐病的发生。

13. 黄瓜中下部叶片发生霜霉病，是不是可以把病叶都打掉，然后喷药？有什么好药可以防治黄瓜霜霉病？

黄瓜发生霜霉病防治时是否打掉病叶要看具体情况。如果能用化学防治的方法控制住，不必将病叶都打掉。假如黄瓜病害发生严重，仅剩下顶端几片叶片是完好的，如果将病叶全都打掉，植株所能剩下的绿色面积太少，黄瓜肯定大量减产。另外，打掉叶片会造成大量伤口，可能人为地加重为害。建议仅将已枯死的叶片打掉，使用防治霜霉病的药剂进行防治，必要时连续防治2～3次。

目前，防治霜霉病效果比较好的农药有银法利、抑快净等。

14. 葫芦叶片上生了白粉病，按网上介绍用50%多菌灵刷叶片。刷后不到3小时，多数用药液治过的叶片上已开始有些星星点点的颜色变黄。请问是不是药害，是否需要用清水冲去？

判断应该是出现了药害，应当立即用清水冲洗叶面，把药液洗掉。多菌灵是广谱性杀菌剂，一般使用浓度为500～1 000倍液，使用的是50%的粉剂刷叶，浓度明显超标，会出现药害，应赶快洗掉。

15. 葫芦出现不正常的症状，是什么问题（图1－14）？可不可以使用烟剂来防治蚜虫，常用的有哪些烟剂？

图1－14 葫芦植株及叶片症状

（1）从叶片的症状看，像是发生了病毒病。葫芦病毒病多半是由有翅蚜虫传播的，而且传上的时间越早发生越严重。有翅蚜通过迁飞转移，把多年生杂草上的病毒传了过来，引发葫芦发病。防治蚜虫要越早越好，一旦蚜虫已经传毒，即使使用杀虫剂把蚜虫杀死，葫芦仍然会发病。因此，病毒病防治起来是比较难的。

（2）北方保护地通常在比较凉的季节使用烟雾剂来防治蚜虫和粉虱。防虫的烟剂主要品种有敌敌畏烟剂、氯氰菊酯烟剂、哒螨灵烟剂，防病的烟剂有百菌清烟剂，丙森锌烟剂等。南方在保护地里也可以使用烟剂，注意使用时要将棚室扣严。露地情况，不太适用，因为没有密闭环境，药剂易飘散，起不到防治作用。此外，注意不要在高温季节使用，这是因为夜间气温太高，植株呼吸作用强，烟剂残留颗粒会对植株造成不良影响。

（二）番茄、茄子

1. 番茄果实畸形是什么原因造成的?

番茄果实畸形是一种生理病害，其原因可能与短暂低温有关。应注意番茄在育苗和花芽分化期夜间温度应保持不低于 13℃，一般就不会引起果实形状畸形。

2. 番茄果实表面多为一些细碎的木栓化条纹，是什么病?

经诊断，番茄果实除出现木栓化条纹外，无其他明显病症（图 1－15）推断属生理性原因可能性大。估计是在幼果或花芽形成时发生的一种生理病害，诱因可能是某种刺激因素，造成果实轻微的裂口，以后愈合而形成木栓化的条纹。筋腐病的防治方法：喷洒 0.5% 的蔗糖及 0.3% 的磷酸二氢钾。

图 1－15　番茄筋腐病果实

3. 番茄发生晚疫病的原因及怎么解决？

番茄晚疫病（图 1－16）是因近期多阴雨，湿度大造成病害发生。

图 1－16　番茄晚疫病症状

解决办法：一是加强通风，降低大棚内的湿度，缓解病害发生的外部环境；二是进行膜下暗灌，降低水分增幅，从而使湿度下降；三是及时进行打药防治。可用 64% 杀毒矾可湿粉 800 倍液、50% 安克可湿性粉剂 1 500～2 000倍液、58% 瑞毒霉锰锌（甲霜灵锰锌）可湿粉 600 倍液、40% 甲霜铜可湿粉 600 倍液、77% 可杀得（101）微粉粒 600 倍液、72% 杜邦克露控 800 倍液、75% 百菌清可湿粉 600 倍液、70% 乙膦铝锰锌 500 倍液，也可使用 1：1：200 倍的波尔多液。间隔 7～10 天喷施 1 次，连喷 3～4 次。

4. 大棚番茄发现茎基部有轮纹状病斑是什么病，怎么防治？

对番茄病株带回实验室进行处理，经病理鉴定确认是番茄早疫病（图 1－17）。用药主要有嘧菌酯、扑海因等。其中：用嘧菌酯在早期是有效的，但是用扑海因效果更好，同时价格比较便宜。如果买不到，可用代森锰锌替代。

施药扑海因用 1 000～1 500 倍液，代森锰锌用 500 倍液，喷药时全株要喷均匀。不过根据农户地块的情况，很多发生在番茄的茎部，

图 1－17　番茄早疫病

可以使用浓一倍的药液，涂在病部，效果更好。

5. 已结了 6～7 穗果的番茄得了黑秆病如何防治?

农户说的黑秆病可能是番茄病毒病引起的症状（图 1－18），这种病害开始表现为花叶，在高温季节才出现黑秆，实际上是条斑型症状。对番茄病毒病最有效的防治方法是种植抗病品种。尽可能地早定植，让番茄在高温以前就能得到较多的产量。此外，最好将番茄种植在保护地里，如塑料大棚。不但能提早上市，而且可以利用防虫网，防止蚜虫等昆虫传毒。

图 1－18　番茄病毒病黑秆症状

天气炎热的情况下，防治可用的方法是：适当地浇水施肥，增加

植株的抵抗力。同时可以喷一些抗毒剂，包括：云大120、病毒A、克毒星等抗病毒制剂，缓解病毒造成的损失。

来年再买种子的时候，要注意种植抗病毒病的番茄品种。

6. 番茄出现死秧如何防治？

经到现场观察，发现番茄死秧是由于苗龄过长、栽得过深引起。苗龄长，根系缺乏活力；植株埋得过深，使茎部接触土面，如今气温高达35℃，在土面扣有地膜时，地表温度很高，造成茎部灼伤，而引起死秧，实际是一种生理病害。

解决办法：

（1）分期播种，及时定植。

（2）采用营养钵或穴盘育苗，避免用拔苗法起苗，造成伤根。

（3）如果秧子较长，栽时可将长的部分盘在植株基部，不要深埋。注意到上述三个方面，死秧问题即可避免。

建议在有多余番茄苗的情况下，可将有病的番茄苗拔去，重新按照上述方法栽上新的幼苗。

7. 番茄下部叶片发生卷叶是什么原因，如何防治？

这种情况是夏季高温季节番茄植株发生了老叶卷曲，不是病害。原因是叶片生长不均衡所致，症状一般由外向内卷，使叶片呈现包饺子状。夏季这种情况十分普遍，品种间有一定的差异，但不会对产量造成影响。

8. 番茄发生棉铃虫为害，生物防治怎么做？

防治番茄棉铃虫重要的一点是要及时，即在田间见到卵高峰时，就及时进行喷药。在北京6月上旬、7月下旬是第一、第二代棉铃虫见卵期，此时应当到田里查查，每天记下新出现的卵粒，查百株见卵时，开始打药，5~7天1次，连防2~3次。常用药剂主要有除虫脲、灭幼脲等。

生物防治，可使用 *Bt*、云菊喷雾。其他生物防治手段还包括放赤眼蜂，释放的时间应在见卵时为好。赤眼蜂的种类以螟黄赤眼蜂为好。最好有测报站配合，使蜂与害虫两者遇到一起，才能起到好的防治效果。

9. 大棚番茄有少量植株打蔫，是什么原因？

大棚（12 米跨度）种植番茄，播期为 6 月 2、3 日，7 月初拔苗，采用水稳苗的方式定植。定后用过两次药（克露及阿维·吡虫啉）。

拔起病株，看到该株的主根基本死亡，在根茎部长出了一些不定根。说明这些貌似正常的植株，根系已经出了问题。造成这种情况的原因为：采用裸苗水稳苗种植，因苗偏大，伤根较多。定植后需要重新发根。但是在新根起作用前棚温较高，植株较大，水分供应失调，必然造成这部分萎蔫。

针对存在的问题，提出以下的应对措施。

（1）补苗。目前该农户还剩了一些番茄苗，可以用其补苗。这次补要多带一些土坨，减少伤根。

（2）目前植株刚刚开花，不便进行补水，应当松一次土，以促进根系发育，同时再给植株根部培一些土，促进新根的生长。

（3）做好大棚的温度管理：番茄的棚温不要过高，中午最高一般不要超过 35℃，此前打开上风口降温。

（4）以后尽量不使用裸苗移栽，而使用穴盘苗。就是用地苗，也要切坨、晾坨，避免定植时，发生散坨的问题。

10. 番茄叶片出现异常现象（图 1－19），请问是什么病害？如何防治？

根据图片观察，有一些近似圆形的病斑的属于早疫病的病斑（图 1－19－3，图 1－19－4）。此外，有 2 张照片也正面出现边缘不明显的一片变黄（图 1－19－1，图 1－19－2），叶背面有很多小点的

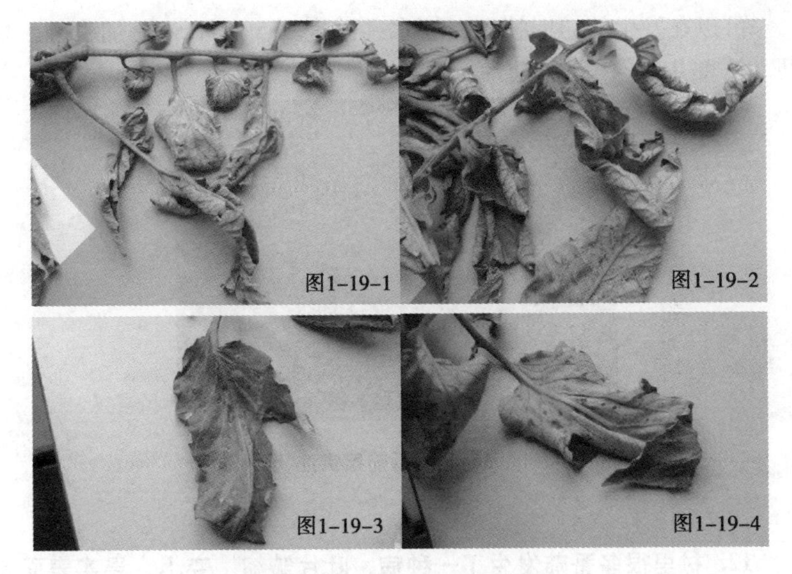

图 1－19 番茄叶片异常现象

照片，属于老叶片上的问题，有可能是衰老造成。

建议：

（1）将接近成熟（进入绿熟期）及成熟的果实下面的叶片打掉，一方面清除掉病残，一方面又利于通风透光。尤其注意：打下来的叶片不要乱扔，要及时地处理掉。

（2）用 40% 代森锰锌可湿性粉剂 400 倍液或 50% 扑海因可湿性粉剂 1 500倍液，进行防治，防治时每 5～7 天 1 次，连续用 3～5 次。

11. 番茄果实已接近成熟，但是表面出现红一块，绿一块的，有的表面上看去，果实有些发乌（图 1－20），是什么病害？

是番茄筋腐病，一种生理性病害，和光照不足、氮肥过多等因素有关。例如：结果期阴天较多或棚膜不干净，化肥使用的过多，都容易发生这种病。根据气候来看，阴天较多，有可能是这种病发生较多的原因。

可以在发生的初期喷洒白糖水（浓度0.5%～1%）加磷酸二氢钾（浓度0.3%）进行防治。

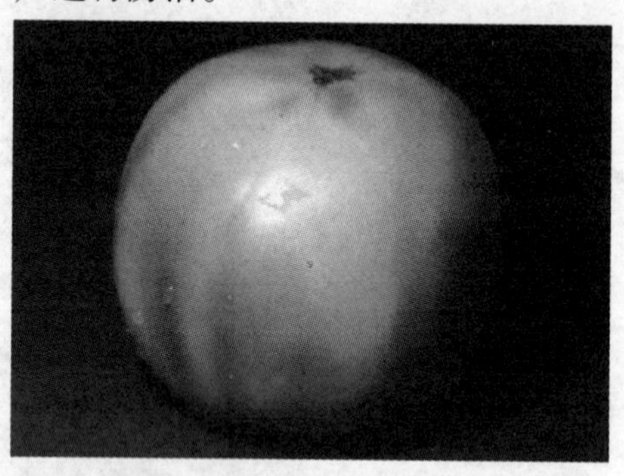

图1－20 番茄果实症状

12. 村里很多番茄发生了一种病，叶片皱缩、变小，果实表面有一块块地不均匀的褐斑，这是什么病？

这是发生了番茄病毒病。这种病有多种毒原，表现出多种症状，当地属于条斑病毒，一般是烟草花叶病毒与其他一种或两种混合侵染，在强光照条件下容易发生条斑。

防治番茄病毒最有效的方法是利用抗病品种，当年已经无法实现了。但可以使用一些抗毒剂（如病毒A、菌毒清、克毒星、宁南霉素）喷一下，同时加强水肥管理，减轻为害。

13. 番茄的果子，表面出现大小不等的白色肿块，是什么病害(图1－21)？

这种症状不是病害，是蓟马为害的结果。蓟马在取食的时候会放出一种毒素，引起果实的肿胀，又叫“虫毒”。要注意和番茄溃疡病区分开来，它和番茄溃疡病不同的是：白色肿块大小不一，肿块中央的木栓化的小点很小，溃疡病的“鸟眼斑”大小比较一致，中间的木栓化点比较大，且周围有一些凹陷。

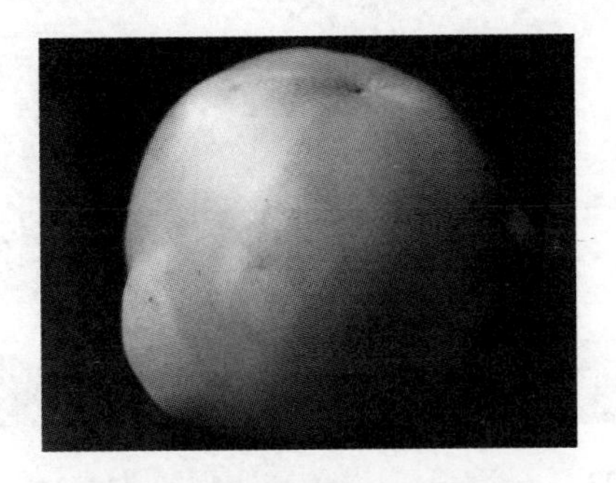

图 1-21　番茄果实受害症状

防治蓟马可使用蓝色粘虫板诱杀；用菜喜、阿维菌素等农药喷雾；同时在换茬的时候，一定将残留的杂草清除干净，高温闷棚，休闲一段时间，切断蓟马的传染源。

14. 大棚番茄叶片有霉层（图 1-22 至图 1-25），是什么病害？

图 1-22　发病番茄

从发病的症状看像是番茄晚疫病，比较特殊的是病斑有青枯的部分，这可能和棚里湿度较大，植株比较幼嫩有关。判断晚疫病的依据如下。

图 1－23

1－24　番茄叶片病斑

图 1－25　番茄叶片霉层

（1）从整株的照片看有的叶柄已变褐（图 1－22）。

（2）病斑中间有一块变褐的区域，病斑有扩展的迹象（图 1－23、图 1－24）。

（3）病斑有白色的霉层（图 1－25）。

（4）病害是从温室的里面向外面发展。

建议用抑快净或银法利进行防治。

15. 大棚番茄顶叶变小，卷曲，成瓢形，是怎么回事，怎么解决？

检查棚内是否有白粉虱发生，如果有，可能是“番茄黄花曲叶病毒病”发生。这种病毒是通过烟粉虱（一种粉虱，体呈白色）传播的。除了以上症状以外，还有一些表现：植株变矮，叶片的边缘发黄；花败落，果实小而少，但可以成熟。

该病要以预防为主，主要是通过防治烟粉虱来控制。此外，增施水肥可以缓解受害。防治工作要早进行。包括：

（1）棚室清园。换茬时尽量把杂草清理干净，一周后虫子就死了。

（2）高温闷棚。换茬的时候将棚盖严，使温度上升到60℃以上，处理一周。

（3）培育清洁苗。苗床不能有烟粉虱。如果有了烟粉虱必须提前将它消灭在定植前。

（4）温室的通风口安放40目以上的尼龙纱网及门帘，阻挡传毒介体飞入。

（5）化学防治烟粉虱。可以用敌敌畏等烟雾剂，同时还要用扑虱灵或吡丙醚喷雾，连续防治至少3次。

16. 家庭夏季种植番茄如何防止烂果？

夏季高温闷湿，极易引发番茄晚疫病及病毒病，或者发生虫害，而造成烂果，防止措施是早育苗，育大苗，营养钵育苗，适时定植，让番茄早生长，在夏季高温之前收获完毕。

17. 茄子叶面发黄变干枯，是黄萎病吗？怎么防治比较好？（图1－26）

从茄子植株照片看是黄萎病，使用杀菌剂会有一些效果，但效果不是很好。生产上有人在定植时用药剂灌根的方法进行防治，最高防效达70%左右。有时候用药后病害还会发展一段时间才能见效。

防治黄萎病最有效的方法是嫁接，即使用抗病的砧木嫁接茄苗，防效可达95%。与非茄科的作物轮作对防病也有较好的效果，但是一旦发病后，就来不及了。另外，采用提高地温的方法，也可以抑制

图 1-26　茄子植株及叶片症状

病害的发展。如，避免使用很凉的井水灌溉，有利于黄萎病的控制。具体的做法是延长井水流过的渠道（利用地温提高水温）或临时建一个晒水池，将井水温度提高。

18. 成都市彭县菜农的番茄已结了 4 穗果，根和叶都没有病，有些植株突然枯死，是什么缘故？

询问得知农户浇了一次大水以后，没有进行进一步管理，分析可能是浇水后，没有及时进行中耕，造成了根部的窒息，引起植株枯死。

建议及时进行中耕松土，使植株根系通气，同时促进土壤水分的快速蒸发。另外，可以喷一次叶面肥，即 0.3% 的尿素 + 磷酸二氢钾，补充营养，帮助植株恢复。

19. 茄子植株下部叶片出现许多白点，自边缘向内干枯（图 1-27），茎部剖面有些发白，髓部有些发褐（图 1-28），是病害吗？

图中茄子根部的须根是白色，是健康的表现，根部应当没有毛病，茎剖面的木质部发白也属于正常。根据农户描述分析，叶片上出现的斑点有可能是除草剂的药害，图中可以看到茄子旁边的草大多数都死了，没有死的叶片上面也有一些白点，应当是百草枯之类除草剂

图1-27 茄子植株下部叶片症状图

图1-28 茄子茎部剖面症状图

产生的药害。建议加强栽培管理，促使植株恢复转壮，植株进一步长大后，下部叶片的斑点对植株影响就很小了。

20. 大棚番茄发生了黄化曲叶病毒病，用什么方法防治?

根据咨询者的具体情况得知，温室棚里没有防虫纱网，所以粉虱很多，有30%～50%的植株发生了黄化曲叶病毒病，这批番茄发病率已经很高，应当考虑全部拔除，换种其他品种的蔬菜（图1-29）。其原因如下。

图 1－29　黄化曲叶病毒病症状

（1）目前表现出症状的植株仅是早期感染的，也就是说随着病株不断地显症，病情还会进一步的发展。

（2）由于温室没有纱网，带毒的粉虱不能被控制，因此它仍然会继续传毒，病害还会不断地发展。据以往的经验，最终病株率会升到 100%。

（3）如果植株表现症状比较明显，说明这个品种并不抗病，一旦发病产量损失会比较严重。

（4）发病植株新长出的花及果往往因营养不足变小或脱落，产量会显著下降，一般仅达到正常产量的 1/5 ~ 1/3。

如果打算毁掉重种番茄，应注意以下几方面：

（1）采用抗病品种。选择品种时，除了抗黄化曲叶病，还要注意农艺性状，避免生产出的番茄在市场上不受欢迎。

（2）培育番茄无虫苗。育苗房使用 50 目的纱网进行隔离，同时还要使用化学农药杀灭粉虱的成虫及卵。

（3）生产棚的入口和风口也要使用 50 目的防虫纱网。定植前要采用高温闷棚，杀死棚里的虫源再定植。

如果不打算换种其他蔬菜，可以采用加强水肥管理的方法，减轻番茄植株受害。但是，据经验，能起到的作用有限，经济上的效益并不明显。

21. 番茄定植1个月，下部叶片尖端下卷，然后退绿发黄，摘除后下部叶片还会下卷发黄，上部叶片没有影响，植株也没有死亡，是什么原因造成的？

这种情况是栽培管理引起的生理性卷叶。主要症状表现为：叶片纵向上卷，叶片呈筒状，卷叶严重时，叶片变厚，发脆。卷叶轻重程度差异很大，从整株看，有的植株不仅下部，甚或中下部叶片卷叶；有的整株所有叶片都卷叶。

引起番茄生理性卷叶的原因主要有以下几种：

（1）根系发育差，或根部受到损伤，吸水能力较弱，从而使植株缺水。

（2）气温失常。当气温超过35℃时，不仅光合作用减弱，而且会破坏叶绿体的结构，进而使叶片出现萎蔫。当夜间气温低于6℃时，会出现低温障碍，使植株上部叶片背面向上翻卷，叶片暗绿无光泽。叶缘受冻部位逐渐干枯或个别叶片萎蔫干枯。

（3）气温高、土壤干旱。气温高叶片水分蒸腾量大，失水较多。为了减少水分蒸腾，叶片上气孔关闭，致使叶片收拢或卷缩，这是一种生理性保护作用。

（4）土壤水分过多。土壤含水量大不仅造成根系生长缓慢，根系入土浅，严重时导致根部发黑以致死亡，而且导致土壤含氧量下降，根系有氧呼吸受阻，迫使根系进行无氧呼吸。无氧呼吸的产物，如酒精、乳酸等在植物体内大量积累使植物中毒，导致植物体内营养失调而引起卷叶。

（5）营养不足。当土壤中有机质含量偏低或必需元素缺乏时均会引起植株生长不正常，尤其是坐果后或开始采收果实时，植株需要大量养分，如得不到有效供应，会出现第一果枝叶片稍卷，或全株叶片呈筒状、变脆的现象。

（6）土壤中缺铁、锰等微量元素，也会卷叶，这种卷叶常伴有叶片变黄变紫等症状。

（7）过量偏施氮肥，特别是硝态氮超量时番茄会表现小叶片卷曲。

(8) 整枝（打杈）、摘心（打顶）过重。植株上所留的叶片过少，叶片制造的光合产物较少，不能满足生育所需，影响了正常的代谢活动，从而出现叶片向上翻卷现象；整枝（打杈）、摘心（打顶）过早，根系吸收输送的磷酸，经由下部叶片向上输送到上部新生叶的，因整枝过早无处输送，就积累在下部叶片中使之硬化卷曲。

22. 番茄有些植株从小叶子就老卷着，打过病毒灵无效，结的果也抽抽巴巴的畸形。问怎么办?

番茄卷叶原因有很多，不见得都是病毒病。生理性卷叶症状主要表现在叶片纵向上卷，叶片呈筒状，卷叶严重时，叶片变厚，发脆。卷叶轻重程度差异很大，从整株看，有的植株不仅下部，或中下部叶片卷叶；有的整株所有叶片都卷叶。可针对栽培管理中的不足进行调整，进行防治。

如果观察发现卷叶具有传染性和发展性，可能是番茄黄化曲叶病毒，是烟粉虱传播的一种病毒引起。

防治方法:

(1) 选择抗病品种。

(2) 防治烟粉虱。在放风口处用40目以上的防虫网，用以防止烟粉虱进入棚内，传播病毒。

(3) 用药剂防治烟粉虱。如敌敌畏熏蒸剂、高朗药剂喷施等方法。

(4) 收获后及时熏棚，消灭残留带毒粉虱。

23. 番茄植株在开花阶段以后会出现打蔫现象，果实的颜色与形状都不是很好。种植的前两年中没有这个问题，第三年逐渐出现这种情况，想知道原因是什么？如何解决?

根据农户所描述的现象，分析可能有几种原因造成。

第一，可能是因为重茬造成根腐病发生；

第二，可能有线虫病造成这种现象；

第三，可能有番茄的黄化曲叶病毒病。

解决办法：一是要倒茬轮作，或嫁接栽培；二是要土壤消毒，高温闷棚，防治线虫病；三是要防治烟粉虱。

24. 大棚番茄病毒病怎么防治?

目前还没有特效的杀病毒农药，只有缓解病毒受害的农药。如使用“病毒 A”（7.5% 菌毒·吗啉胍水剂）等，在发病初期进行防治。病毒病一般通过蚜虫、粉虱等昆虫进行传播，可以采用防虫网对温室、大棚进行隔离，防止昆虫传毒。

防治病毒病最好的方法是进行预防，一旦病害已经发生一般就不好治疗。夏季种植番茄要选择抗病毒的品种，育苗时一定注意不要伤根或找专业育苗者购苗或直播，购苗注意购买无病同时无虫苗。加强夏季管理也非常重要，光照太强、温度过高都会引发病毒病。另外，种植棚内要注意对烟粉虱、白粉虱、蓟马、蚜虫等传毒昆虫进行严格防治。

25. 番茄植株枝条有些扭曲，是由病毒引起的吗?（图 1－30）

图 1－30　番茄植株田间症状

从图片分析，不像是发生了番茄病毒病，而像是 2.4-D 生长素引起的药害，其原因如下。

（1）如果是发生了病毒病，番茄应当是心叶表现症状更加明显。

图片中看到的番茄苗仅中上部的几个叶片有些不正常，心叶的症状反而不明显，不大像病毒病。

（2）发病的季节与病毒病对不上。从这批番茄苗的症状分析，表现为类似黄瓜花叶病毒病，该病的传播者是蚜虫。从番茄目前（2月份）的苗龄看，仅有两个月，如果是黄瓜花叶病毒病，那么它被传染的时候，应当是天气较冷的上年年底，而当时不可能有可以传毒的有翅蚜活动，所以推断不是黄瓜花叶病毒。

（3）另外，咨询者描述果实有“大肚脐”现象，2. 4-D 药害也可以造成这样的症状。进一步说明这些番茄出现的异常，有可能是由 2. 4-D 等生长素引起的药害。

（三）辣椒、青椒

1. 怀柔农户彭明福的辣椒不长，节间短，处在低洼地区的叶片发黄，问用什么方法治理？

据介绍，这片 10 多亩露地辣椒，2 月初在温室育苗，3 月 10 日（当时有 7、8 个叶）拔秧假植在日光温室里。又过了 50 多天，在 5 月 4 日定植。定植后在 10 天内连浇了 3 次水（分别为：定植当天、隔日及 1 周后）。根据提供的栽培情况分析如下：

假植的时间过长，原有的老根活力下降。定植时栽植过深，加上定植后浇水过量，影响植株根部活力，致使无新根喷出，老根变褐、吸收能力下降，植株表现营养不足，在高处的植株节间伸不出来，而处在低洼处的植株，根部受水淹，吸收能力受阻，更易造成叶片从边缘变黄。

治理方法：

（1）目前植株不缺水，主要以松土通气为主，覆盖地膜时可将定植孔挠一下，扩大通气面积。

（2）可在定植后覆膜松土，促进新根长出。

（3）改进育苗方法，保护根系少受伤害。避免拔苗移栽，可用营养钵或穴盘育苗。

（4）如再种这个茬口的辣椒，可适当进行晚播，缩短苗期假植的时间或不通过假植直接定植。

2. 尖椒叶片正常，果实上的病斑呈褐色（图 1－31），是怎么回事？

根据图片的情况诊断，尖椒发生的是"脐腐病"，是由于植株缺水，土壤溶液浓度过高，植株对钙元素吸收不足，表现出的缺钙症状，可以用补钙的方法来缓解。补钙可使用叶面钙肥，如"绿芬威三号"等进行叶面喷施补钙。同时，应及时给土壤补充水分。补水的时候，要小水勤浇，避免大水漫灌，否则有可能引起其他一些病害发生。

图 1－31　尖椒果实症状

3. 青椒果实上长灰霉，发生霉烂该怎么办？

青椒果实上长灰霉是感染了灰霉病。灰霉病是青椒冬春保护地常见的病害，果实染病发展到后期都会引起果实的腐烂。该病多数情况下是由开花时感染并发展到果实上的，因此防治灰霉病应当从青椒的花期或更早期实施。

保护地种植首先要设法降低棚内的湿度，浇水时避免大水漫灌，同时适当提高棚室里的夜间温度，减少早晨植株结露。另外，注意在初花期清除病花、病果等，清除的病花、病果、病残要及时清理出室外深埋，然后使用杀菌剂农药防治。

预防灰霉病可使用百菌清烟剂。发病后可用嘧霉胺（施佳乐）烟剂、可湿性粉剂进行防治。此外，也可以使用咯菌腈、甲霉灵、扑海因等进行防治。

4. 辣椒叶子上出现一层煤黑，用水冲洗不掉，果实也黑乎乎的，怎么解决？

从描述看，可能是由虫害引发，造成辣椒叶片感染了煤污病。需要看一下棚内或植株上是否有白粉虱或蚜虫发生，这两种昆虫的分泌物可诱发叶片发生煤污病，如果有白粉虱或蚜虫发生，打掉虫子就可以了。具体用药请参考白粉虱和蚜虫的防治药剂。

（四）其他

1. 地块连续种植架豆两年，零星在根部及茎部出现枯死（图1－32），维管束变色。开始时主要在下部发生，渐渐地向上蔓延，有的已经全株干枯。这是什么病害，如何防治？

图1－32　菜豆枯萎病症状

通过对发病情况的分析，初步认为发生的是菜豆枯萎病。

病菌侵染根部，表现为整株枯死。一般情况下发病与连作有关。此外，品种间抗病性也有差异。例如，白架豆比较感病，而泰国豆（丰收一号）比较抗病。因此，建议以后种植抗病品种。

如果使用农药进行防治，一般采用灌根法。比较经济的是用50%多菌灵可湿性粉剂500倍液，也可以使用“绿亨一号”，不过价格较贵。在灌药时一定注意用量，每株100毫升，如果铺有地膜，一定先将地膜清理一下，将药液灌在土壤里。

2. 架豆出苗后陆续发生黄叶和整株死亡现象，发现植株上有小虫，用杀虫剂进行了防治，进入开花期还有黄叶、枯死现象发生。请问到底是什么虫，该怎么办？

由于豆科植物根部发生的病虫害较多，咨询提供的信息有限，到底是发生了什么虫为害，需进行现场观察后确定。一般情况下，常见的豆科根部害虫主要有蝇类（根蛆）及蚊类（蕈蚊）。如果是这两类昆虫为害，可以使用吡·锌乳油（商品名：韭保净）稀释后进行灌根防治。这种农药比较有效，同时安全性较好，可以试用。

3. 夏白萝卜（品种：白玉）离收还有十几天发现出现个别枯死现象，并发现萝卜根茎部出现腐烂，是什么原因？

根据咨询者所描述的情况，进一步判断是否有以下症状：叶片发病，叶缘多处产生黄色斑，后变“V”字形向内发展，叶脉变黑呈网纹状；逐渐整叶变黄干枯；病菌沿叶脉和维管束向短缩茎和根部发展，最后使全株叶片变黄枯死；萝卜肉质根受侵染，透过日光可看出暗色病变；横切看，维管束至放射线状变黑褐色，重者呈干缩空洞；细看维管束溢出菌脓。

如果有上述症状，是发生了萝卜黑腐病。它主要在秋季发生，平均气温15~21℃，多雨、结露时间长易发病。十字花科重茬地、地势低洼、排水不良、播种早、发生虫害的地块发病重。

黑腐病防治方法：①避免与十字花科蔬菜连作；②选用抗病品

种；③用种子重量0.4%的50%福美双可湿性粉剂拌种，拌后即播；④及早防治黄条跳甲、蚜虫等害虫；⑤发病初期喷洒47%加瑞农可湿性粉剂800倍液或50%可杀得可温性粉剂500倍液，14%络氨铜水剂300倍液，72%农用硫酸链霉素可溶性粉剂4 000倍液，隔7～10天喷1次，连喷2～3次。

4. 平谷区平谷镇岳各庄村大棚白萝卜发生根部腐烂是什么原因，如何防治?

经过观察，有菌核病的为害。但是不严重，更重要的是一种细菌病害，它可以引起叶片生斑，叶柄及叶脉发黑，圆锥根表皮腐烂开裂。使大量白萝卜丧失食用价值。将病株带回，经过室内观察鉴定初步确定是白萝卜细菌性角斑病。这种病是白萝卜的重要病害，随着白萝卜种植面积的增大，发病的严重程度在增加，因此，必须注意及时做好防治。

建议在种植白萝卜时，种子使用福美双拌种（种子重量的0.4%），在发病初使用可杀得（1 000倍液）进行防治，清园时将病残株带出田园销毁。

5. 油麦菜叶背长霉（图1－33），叶片发黄是什么病，如何防治?

图1－33　油麦菜霜霉病

从症状判断是霜霉病，应在早期（最好是苗期）开始用药剂防治。使用药剂为甲霜灵、克露等。使用高温闷棚的方法也可以杀死一些病菌，但是不彻底，一旦环境条件适合后，还会发病。由于该病是气传病害，即使进行高温处理后，随着气流还会带来新的病菌，因此，使用药剂防治不可避免。

6. 种出的甘薯结出很多小块，有些薯块上长有一块块的发苦的黑斑是怎么回事？

甘薯结的小薯块多是栽培管理不当所致。甘薯在种植过程中，会产生许多不定根，这些根到后期膨大，都能形成薯块。由于没有及时翻秧，甘薯生长被大量的不定根薯块分散了营养，同时这种薯块生长期又短，因此，形成了很多的小薯块。来年再种时，要注意及时进行翻秧，及时切断不定根，这样不定根不能结薯块，主根的薯块就会比较大。

关于薯块生黑斑的问题，这是发生了一种真菌病害，称作甘薯黑疤病。该病是通过种苗传带进行传染的。来年再种时，将甘薯秧子用多菌灵可湿性粉剂 1 000倍液浸制处理 20 分钟，即可显著减少发病甚至不再发病。

7. 西兰花花球腐烂（图 1－34）是什么病？如何防治？

图 1－34 西兰花霜霉病

分析应该是发生了西兰花霜霉病。该病症状有两个类型，在叶片上常见的是叶斑病，但病菌一旦进入维管束，也可以引起系统发展，引起其他部位发病。这时病害从茎扩展到花球，轻的时候仅发黑，重的时候会发生花球腐烂。由于这种症状并不常见，北京市科技部门曾经立题研究过，称其为“花茎黑变病”。病部已明显看到有霉层，是霜霉病为害的后期。

防治这种病害，重要的一点是要及早进行防治，不能使其进入维管束。一旦出现花球腐烂就无法进行防治了。建议来年从播种开始，用药剂拌种。苗期再防治 1 ~ 2 次。要种植抗病品种，适当地进行稀植。此外，发病初期加强药剂防治，用药的种类一般用克露、甲霜灵、普力克都会有效。

8. 50 亩地的春茬紫苏，幼苗刚出来不久即发生根腐病全部死亡，有什么有效的方法防治根腐病？现在马上重新种一茬紫苏行不行？

紫苏死苗，首先要搞清楚是不是根腐病造成的。根腐病是由一种镰刀菌引起的病害，在田间发生，有一个过程，一般不会引起全部死苗。如果的确是根腐病引起，可采取以下具体防治措施：

（1）进行轮作倒茬。

（2）播种之前进行土壤消毒（加瑞农、甲基托布津、多菌灵等药剂）。

（3）地块要整平，避免积水，浇水后及时疏松土壤。

（4）发现有根腐病发生后，及时对植株用药进行灌根。

防治用药：根腐病可以采用新土育苗或进行床土消毒。每平方米床面用 50% 多菌灵可湿性粉剂 8 ~ 10 克，加堰土 4 ~ 5 千克拌匀，先将 1/3 药土撒在畦面上，然后播种，再把其余药土覆在种子上。发病初期喷洒 50% 多菌灵可湿性粉剂或 36% 甲基硫菌灵悬浮剂 500 倍液，此外可用 10% 双效灵水剂或 12. 5% 增效多菌灵浓可溶剂 200 倍液灌根，每株灌对好的药液 100 毫升，隔 7 ~ 10 天 1 次，连续灌 3 ~ 4 次。

现在如果马上重种下茬，仍可以种植紫苏。如果收紫苏叶，大约50天即可有一些产量，但这茬的总产量可能较春茬要低。

9. 菊花枯叶的原因及防治方法有哪些?

（1）因使用尿素、磷酸二铵不当造成植株叶片被熏，可致叶片枯黄。

（2）棚内温度过高，密度过大，通风透光不够，可造成黄叶、干叶。

（3）褐斑病可引起菊花枯叶。该病又叫斑枯病，是一种叶部病害。病菌多从植株下部叶片开始侵染，逐渐向上蔓延。发病初期叶片出现黑色或暗褐色小斑点，逐渐扩大成圆或不规则圆形，边缘黑褐色，中心灰黑色，上生有黑色小点，严重时病斑相连，使整个叶片枯焦。

防治方法如下：①实行轮作，避免重茬，减少病害发生；②及时清除病叶并销毁以减少病源；③8～10月，隔两周喷一次200倍石灰倍量式波尔多液预防；④发病初期，喷50%托布津或50%多菌灵可湿性粉剂800倍液。

（4）菊花锈病也能引起枯叶。菊花锈病有黑锈病、白锈病、褐锈病等，以黑锈病最为普遍。发病初期叶表产生淡黄色斑点，后变为褐色，病斑隆起呈疱状，破裂后散出黄褐色粉末。菊花生长后期叶片上又产生深褐色或暗黑色椭圆形肿斑，破裂后散出栗褐色粉状物，严重时常导致全株叶片枯死。田间通风不良、透光性差、土壤板结、排水不畅、施氮肥过多、缺肥、多年连作等均会导致发病严重。地栽菊花在9～11月份受病害较重，连阴雨多，空气湿度大，连年栽种，极易发病。

防治方法如下：①发现病叶及时摘除烧毁，以防蔓延；②加强通风透光，合理施氮、磷、钾肥料；③发病前喷200倍等量式波尔多液，发病后喷敌锈钠300倍液防治。每隔7～10天喷一次，连续喷2～3次。

(5) 菊花线虫病引发枯叶。菊花线虫侵染叶片、花芽及花，从叶表气孔侵入内部组织，受害叶片呈淡绿色，带有淡黄色斑点，逐渐变成黄褐色，叶片干枯变黑，引起早期脱落。受害严重时，花器官变成畸形，常在花蕾期即枯萎。

防治方法：①实行轮作，严重时使用无病土繁殖幼苗；②把带病的部位浸泡在热水中，50℃泡 10 分钟，即可杀死线虫；③发现病株及时拔除烧掉，同时用 800～1 000倍 15%阿维·丁硫微乳剂灌注土壤。

10. 菊花根腐产生的原因及防治方法?

菊花根腐产生的原因主要有：①平畦栽培，根部湿度过大。②松土不及时。③重茬造成该病病原菌积累等。

解决办法：①通风降低温度。②松土降低土壤湿度。③利用高畦栽培。④用百菌清等杀菌剂进行灌根防治根腐病。

(五) 综合

1. 农药中能加洗衣粉吗? 在喷农药的时候发现西瓜沾上不少药液，会不会产生药害?

(1) 可以在农药中加洗衣粉，实际上洗衣粉还有杀死蚜虫的作用。不过要使用中性的洗衣粉，碱性过强的洗衣粉不适宜和农药混用。

(2) 喷药的时候，尽量不要喷到西瓜果实上。一般情况下，喷药过程中如果西瓜沾上一些药液，常见农药在适量和适宜浓度(1 000倍液) 情况下一般是不会产生药害的。

2. 顺义和怀柔各镇主要种植蔬菜及常见病虫害有哪些?

主要种植蔬菜和常见病虫害如下。

(1) 茄科作物

①番茄

病害主要有：晚疫病、病毒病、根结线虫病、叶霉病、绵疫病、灰霉病、菌核病、白粉病、早疫病。

害虫主要有：蓟马、蚜虫、白粉虱、斑潜蝇、蛴螬、叶螨。

②茄子

病害主要有：黄萎病、绵疫病、灰霉病、菌核病、褐纹病、猝倒病、立枯病、白粉病、根腐病；

害虫主要有：蓟马、蚜虫、白粉虱、斑潜蝇、蛴螬、叶螨。

③甜椒

病害主要有：病毒病、白粉病、疫病、灰霉病、菌核病、猝倒病、立枯病、根腐病、青枯病；

害虫主要有：蓟马、蚜虫、白粉虱、斑潜蝇、蛴螬、叶螨。

④马铃薯

病害主要有：晚疫病、早疫病、病毒病、环腐病、黑胫病、粉痂病、疮痂病、青枯病、癌肿病；

害虫主要有：马铃薯甲虫、蚜虫、蛴螬、叶螨等

（2）豆科

①豇豆

病害主要有：锈病、枯萎病、病毒病、灰霉病、菌核病、白粉病、煤霉病、根结线虫病、炭疽病；

害虫主要有：豆荚螟、蚜虫、白粉虱、斑潜蝇、蛴螬、叶螨。

②菜豆

病害主要有：锈病、枯萎病、病毒病、灰霉病、菌核病、白粉病、煤霉病、根结线虫病、炭疽病；

害虫主要有：豆荚螟、蚜虫、白粉虱、斑潜蝇、蛴螬、叶螨。

③蚕豆

病害主要有：立枯病、锈病、花叶病、轮纹病、赤斑病、褐斑病、萎蔫枯萎病、枯萎病；

害虫主要有：豆荚螟、蚜虫、白粉虱、斑潜蝇、蛴螬、叶螨。

（3）藜科

菠菜

病害主要有：霜霉病、立枯病、病毒病、根结线虫病、炭疽病、

斑点病、菌核病；

害虫主要有：蚜虫、甜菜夜蛾、潜叶蝇。

（4）伞形科

①芹菜

病害主要有：斑枯病、、早疫病、烂心病（缺钙）、灰霉病、菌核病、假黑斑、软腐病、根结线虫病、病毒病；

害虫主要有：蚜虫、甜菜夜蛾、潜叶蝇。

②胡萝卜

病害主要有：黑斑病、斑点病、根腐病、白粉病、菌核病、灰霉病、腐烂病、细菌性疫病、病毒病；

害虫主要有：蚜虫。

（5）菊科

①生菜

病害主要有：霜霉病、菌核病、灰霉病、顶腐病（生理）、软腐病、褐腐病、褐斑病；

害虫主要有：蚜虫、潜叶蝇。

②莴笋

病害主要有：霜霉病、灰霉病、菌核病、病毒病、褐斑病、茎腐病、软腐病、黑腐病、叶枯病；

害虫，暂无。

③芦笋

病害主要有：茎枯病、褐斑病、锈病、紫纹羽病、枯萎病、灰霉病、根腐病、炭疽病、病毒病；

害虫主要有：十四星负泥虫。

（6）禾本科

糯玉米

病害主要有：大斑病、小斑病、褐斑病、黑粉病、丝黑穗病、弯孢叶斑病、锈病、叶斑病；

害虫主要有：玉米螟、粘虫、旋心虫、蚜虫。

(7) 蔷薇科

草莓

病害主要有：白粉病、灰霉病、菌核病、褐斑病、轮斑病、干腐病、根腐病、病毒病、枯萎病；

害虫主要有：蚜虫。

3. 蒙鼎微生物配肥复合菌剂能和农用杀菌剂（如代森锰锌、甲基托布津等）混合使用吗？

蒙鼎微生物配肥复合菌剂主要活性物质是一种细菌，而代森锰锌、甲基托布津等主要作用是杀真菌，二者活性上不存在明显冲突，应该可以混合使用。混用时，要注意菌剂使用的注意事项，避免因混用不当造成菌剂失活。

4. 蔬菜地里的延麦草（一种植物，外形像地瓜秧，能缠在菜上，茎中有白色的液体，根白色，弄断后，断根两侧都能形成新的幼苗），用什么除草剂防除才能既不损害蔬菜，又能够除去？

这种草是多年生的，生命力强，而且根部铲断后容易产生新的不定根，比较难以防治。不过已快到霜降节气，防治该草的意义不大，因为此时该草基本不再生长，已不会对萝卜、大白菜构成影响，关键是要注意来年的防治。

建议来年在这种杂草长出几片叶子后，用草甘膦喷施防治一次。草甘膦是内吸型除草剂，能从根部彻底杀死这种杂草。一般用过草甘膦3～4天，就可以整地，播种萝卜、大白菜等作物，而不会影响它们的生长。

5. 叶菜类大棚蜗牛和蚜虫如何防治？最好不用农药。

叶菜类如果发生了蜗牛，应当使用密达颗粒剂进行防治。这种药剂是蜗牛的诱饵，不会污染蔬菜。如果不愿意使用农药，有人使用茶子饼对上水（浓度约5%）浇灌也有一定的效果，可以试用。

防治蚜虫比较常用的药剂是吡虫啉。在封闭性好的大棚里可以使用敌敌畏、异丙威烟剂进行防治。如果用烟剂，应在傍晚进行，每亩用量250克，分成几堆点燃。不用农药的方法，此虫可以采用释放瓢虫的方法进行控制，此法属于生物防治。但如果棚里仅有少量的蔬菜需要防治，这种方法用起来不经济。

6. 9~10月份保护地蔬菜发生的主要害虫有哪些及如何防治?

9~10月蔬菜上主要发生的害虫有粉虱、蓟马和蚜虫等，其中以粉虱为害最重。应该重点采用药剂防治控制为害，使用的农药种类有防治若虫的25%扑虱灵可湿性粉剂1 000~1 500倍液，防治成虫的5%天王星和2.5%功夫菊酯2 000~3 000倍液，连续交替喷施5~6次，可控制为害。

7. 目前设施蔬菜烟粉虱发生严重，植株叶片发黑，用啥办法解决效果好一些? 有人介绍用蓝板粘成虫，效果咋样? 比较起来，蓝板和黄板哪个效果好些?

2010年在京郊地区烟粉虱属于发生比较严重的年份，这是全市都有的现象。应急的防治方法主要有烟剂熏杀和叶面喷药两种方式，具体做法是在晚间密闭棚室后用粉虱和蚜虫的专用烟剂熏杀，每隔2~3天1次，连续5~6次。此外，还需要在叶面喷施扑虱灵农药，每隔4~5天1次，连续喷3~4次，就能基本控制为害。该虫由于自身的习性原因，在爆发后很难控制，因此，日常的防治措施应该在作物全生育期进行实施，尤其苗床和定植前后须彻底清理虫源，才能较好地控制为害。

防治烟粉虱使用黄板效果要好一些，蓝板主要用于防治蓟马。使用黄板诱杀需要在粉虱数量较少时使用，到了爆发期虫口发展快，效果不好。

8. 香菜地里长出好多一种叫田旋花的杂草，现在香菜已经长出，如何使用除草剂？

因为香菜已经长出来了，建议用人工拔除，如果想用除草剂，有一定难度，因为田旋花是阔叶杂草，能灭杀它的除草剂同样可能杀死香菜，所以很容易发生药害。可以先小面积的喷洒，一定避免喷洒到香菜上，并且喷后要等半月左右，香菜没有出现药害症状，再进行大面积喷洒。

第二章 果　　树

一、果树栽培

（一）苹果

1. 7 年的苹果弱树，生长叶子少，结果少或者不结果，请问在今后该如何管理？

（1）施肥：

首先复壮树势，加强肥水管理，幼树多施有机肥。施用方法：挖环状沟，宽 40～50 厘米，深 50～60 厘米，有利于根系生长和向深处发展，弱树切忌平面施用有机肥。

其次，萌芽前和 5 月中旬追施氮肥，促使新梢生长。为了促进成花，有机肥中可适当增施磷肥，促进花芽形成。

生长前期可结合病虫防治喷药，喷施 3‰～5‰的尿素，生长中期以后结合喷药喷施 3‰的磷酸二氢钾。

（2）灌水：

生长前期进行中度灌水，花芽形成阶段即中短枝停长期促进花芽形成，可适度干旱；7 月以后果实膨大期要保证充分灌水，保持土壤湿润。田间持水量应保持在 60%～70%。

（3）修剪：

对于弱树冬季修剪要多剪截，促使新梢萌发多，长势强，使树势恢复。弱树要少缓放。

在 5 月底至 6 月初对有中短枝的大枝或枝组，进行环状剥皮或双

道环刻，促使形成花芽。

2. 请问套袋红富士苹果的鉴评标准都有哪些方面，一般如何评比？

（1）鉴评主要从苹果外观和内在品质两方面进行评比。两项比分为外观占40分，内在品质占60分。

（2）一般评比时首先看果实外观的商品性状，包括果个大小、果型端正、着色好坏、光泽度等；然后切开样品专家品尝，通过品尝对果肉粗细、甜度、香味、果汁多少等方面进行评分。外观分加上内在品质分为该样品的总分数。

3. 8月末用哪种肥料及如何给苹果树追肥？

8月份苹果树进入秋季生长高峰期，应加强营养供应，控制秋梢旺长，保证叶片的正常生长，促进果实迅速膨大，此时追肥应以磷钾肥为主，减少氮肥供应，可以采取叶面喷施和土壤追施的方法，具体施用量应参考树龄、品种、树势而定。

4. 富士苹果可不可以盆栽？

可以盆栽，具体注意事项如下：

（1）冬季（11月初至3月中旬）主要是盆树的越冬防寒和修剪。防寒越冬应根据各地的环境条件，制定简便、安全的措施。冬季注意检查墒情，及时向盆面喷水。在入冬落叶以后至早春发根、萌芽之前进行修剪，综合运用截、疏、缩、放、拉枝等方法，达到建造树形，控冠和调整花量的目的。

（2）春季（3月中旬至5月中旬）主要是越冬盆树出土（出室或出窖）、换盆土、花前复剪、花期管理。春季土壤解冻后，立即将盆出土或移出室（窖），防止抽条。解除防寒措施后每3～4天浇1次水。换盆土每2～3年进行1次，每次剪去根量的1/3，并补充拌和肥料的盆土。花芽萌动时酌情修剪，主要是根据造型需要疏掉强旺枝，选留中、长果枝。开花时注意授粉。4 月中旬开始每隔半月施 1 次 150 倍发酵好的液肥。

（3）夏季（5 月中至 8 月中旬）主要是幼果管理、夏季修剪、病虫害防治。在盆树花果较多的情况下，按照盆树负载能力适当疏花疏果，以型载果，以果成型，使果实布局合理。6 月中旬选择晴朗天气套袋。每隔 20 天左右喷 1 次杀虫、杀菌剂，注意药剂交替使用。夏剪可调整树形，抑制生长，促进花芽形成。主要措施有摘心、疏枝、扭梢、拉枝、环剥等。此外，成花阶段要适当控水抑制新梢生长和促进花芽形成。

（4）秋季（8 月中旬至 11 月初）主要是果实除袋、贴字、病虫害防治及采取延长观果期的技术措施。为提高盆果的观赏价值，可于果实着色初期在果实向阳面贴字。套袋果实可于采前 20 天除袋。秋季可于 8 月中旬和 9 月中旬各喷 1 次杀虫剂和内吸杀菌剂。为延长果实观赏期，可于采前一个月喷 1 ~2 次 40 毫克/升萘乙酸，或用棉签蘸取药液涂抹果柄，可防止采前落果，达到延长盆果观赏期的效果。

5. 红富士苹果长不红，是怎么回事？

需考虑 3 个方面的问题，一是看种苗是普通富士还是红富士，红富士是从普通富士中选出的着色系品种，其果实着色容易，普通富士品种本身就着色较差；二是看果实负载量是否过大，如果果实负载量太大营养不足，也会影响着色；三是环境对果实着色影响很大，平原低海拔地区比山地及高海拔地区着色差。提高富士着色最有效的方法是果实套袋。此外，除袋后配合铺反光地膜，摘除果实附近遮光的叶片和转果，对果实着色均匀都有很好效果；在果实膨大期追施钾肥，叶面喷施磷酸二氢钾等，对增糖上色也有一定效果。

6. 苹果树冬剪最佳期是什么时候？

苹果树冬季修剪，一般以落叶后至萌芽前为宜，在这段时间根据工作量和气候条件具体掌握，工作量大的果园可于落叶后立即开始冬

剪，冬春灾害性气侯多的区域可适当晚剪。早剪有利于节约树体营养，减少冬春季树体水分蒸发量，对增强树势有利；晚剪则树体要消耗芽体分化的养分，但对减少灾害保证产量有利；萌芽后过晚修剪则会削弱树势；因此，弱势树应适当早剪，增加剪截促发新枝，增强树体长势。树势强旺的初果可适当晚剪，甚至可萌芽后修剪以利缓和树势，提早丰产。

7. 苹果采后如何管理?

管理措施主要如下：

（1）叶面喷肥。苹果采收后在落叶前一个月，喷施一次3%的尿素液，提高叶片光合作用，增加树体贮藏营养和抗逆性。

（2）实行秋季修剪，调节树体枝量。主要带叶疏除过密大枝，调整树体结构，打开光路，提高叶片光合效率，促进花芽分化充实，为冬季修剪打下基础。

（3）施好基肥。苹果采后及时扩穴施肥宜早不宜迟，要掌握“幼树少施，大树多施，结果多的果园重施”的原则，结果树的施肥量应按预计产量计算，优质畜禽粪按千克果千克肥，一般农家肥按每千克果2千克肥施用。每株树施基肥时可混入2千克过磷酸钙，0.5千克的尿素。用放射状、环状法交替施入树冠外沿处，放射沟要内浅外深，并及时浇水。

（4）深翻灭虫。苹果采收后，树上病虫为害高峰已过，许多越冬幼虫和蛹却集中树下土壤中，应在上冻前深翻树盘，深度在20~25厘米。及时清园清理落叶，捡拾病虫枝等杂物。

8. 如何确定苹果的最佳采收期?

（1）看果皮颜色。绝大多数的苹果品种从幼果到成熟期的发育过程中，果皮的颜色都要发生规律性的变化，即果皮底色由深绿逐渐变为浅绿或黄色。有些着色品种往往上色较早，但果皮底色仍然是绿色，只有果皮底色由绿变黄时才是果实成熟的表现。非着色品种，如金帅等，一般宜等到底色稍黄时采摘。

（2）看果柄。果实真正成熟时，果柄基部与果枝间形成离层，果实稍受一点外力，即会脱落。

（3）看果实的发育期。在正常的气候条件下，不同品种在一地区都有比较稳定的生长发育时期，由盛花期到成熟期所需天数也比较固定，因此，果实发育天数是确定采摘期的重要依据之一。

（4）看种子颜色。在果实发育过程中，种子有一个逐渐褐化的规律。剖开果实，若种子变褐色或黄褐色，表明已成熟。

（5）看果实硬度。随着果实的成熟，果肉变松软，硬度逐渐降低，果实成熟时的硬度相对稳定，如金帅成熟时的去皮硬度一般为6.8 千克/平方厘米，国光为 8.6 千克/平方厘米。

（6）看果实的采收成熟期和食用成熟期。果实的成熟期可分为采收成熟期和食用成熟期。采收成熟期是指果实体积已不再增大，果柄基部已形成离层；食用成熟期是指果实最好吃的时期，例如，晚熟品种采后 3 ~4 周果实才达到食用成熟期，而早熟品种的果实其两种成熟期基本一致，为了贮藏和长途外运往往需要提前采收。

（7）套纸袋果实的采摘期应在该果实的成熟期前的 20 ~ 30 天。在晴天时先撕开外袋 3 ~5 天，再将果袋摘下，待一周后果实向阳面着色后，再进行转果、摘叶、铺反光膜等促色措施，使果实全部着色成为粉红色即可采摘，此为商品色最佳采摘期，着色过重反而不受市场欢迎。

（二）梨

1. 梨坐果少的原因？

梨坐果少主要的原因是授粉率低，导致坐果少，包括：

（1）花期高温大风，使花适宜授粉时间变短，大风也不利于昆虫活动，扬尘沾在粒头上也不利于授粉。

（2）花期遇到降雨，也会影响授粉。

（3）如果是人工授粉，可能存在花粉成活率低和相同品种授粉

的问题。梨是异花授粉的树种，相同品种不亲和。

2. 梨新品种玉露香梨脱萼问题？

（1）幼树和生长势强的大树结的果实宿萼果多，因此冬季修剪要轻剪缓放，缓和树势。树势中庸的盛果期大树比生长旺势的初果树脱萼果比率大得多。

（2）盛花期喷 PBO 生长调节剂，可促使果实脱萼。

3. 日韩梨如何疏果与定果？

日韩梨的疏果与定果方法：选留果型端正、果面干净的 3 ~4 序位的果实。或选果柄粗而长的果型端正的幼果选留，这样的幼果可长得大而高桩，间距掌握在 25 厘米左右留一个果。第一、第二序位的果实果个较小而扁圆，且果面易有纵沟，故原则上不留低序位幼果。

4. 梨树后期黄叶的原因及采取措施？

根据咨询者的具体情况分析，梨的后期黄叶，主要是土壤含水量大，土壤透气差造成的。进入雨季后，低洼盐碱地的梨树新梢叶就易发黄。相应采取的措施是：注意雨季排水，大雨过后松土透气，此期若干旱浇水，应采用隔行灌水的方法。

5. 冬季下雪对梨树花芽造成冻害后如何管理梨树？

根据咨询者的情况，冬季下雪后梨花芽冻害严重，不论是顶花芽还是腋花芽都有不同程度的冻害，表现为芽基有不同程度变褐。其受害是否进一步发展，要等 1 月份低温过后才好确定。在受害情况还不明的情况下，规模不大的园子，建议春节后再修剪；规模大、修剪任务重的园子，建议冬剪先疏除不合理的大枝和徒长枝条，待能看出受害结果后，再行细致修剪。以免盲目修剪影响产量。

减轻冻害的措施：下雪后及时震落枝芽上的积雪；春季萌芽后喷天达 2116 细胞膜稳定剂等，都有一定抗冻效果。

6. 京白梨果皮变厚是什么原因?

一般情况下施用氮肥过多或者树势过强，梨果皮会变厚或者变粗糙，果心也变大，石细胞增多。根据咨询者描述的情况，树势不强，也没有施氮肥的情况，分析结果是气候的原因，因为当年花期晚了十天，七八月份有一周连阴雨和十天的极端高温天气，使营养积累比较少，果实发育天数已到成熟期，果实膨大程度不够，成熟度也不够，所以比正常年景同期果实果个小，果皮厚。应该适当推迟采摘，待果实充分膨大成熟后，再采摘，果皮也就会变薄了。

7. 种的西洋梨 7 月份就采摘完了，每年采果后都长出很多新梢，不知怎样控制？秋施肥用什么肥及怎样配比？

（1）采果后新梢太多一般是偏施氮肥所致，因此必须在采收前后适当控制氮肥的施入量，如果长势过旺，可喷施 200 倍液多效唑进行控制。

（2）秋施肥应有机肥，化肥，微肥及微生物菌肥配合施入，按全年氮磷钾施肥量，基肥配比基本按 60% 氮，80% 磷，50% 钾比较合适。

8. 梨树采果以后应怎样管理?

一是喷施三唑类杀菌剂，防止叶部病害（如黑星病，黑斑病）的发生，二是带叶疏除过密大枝，三是进行秋季施肥，施入合理的有机肥、化肥、微肥及微生物菌肥。

9. 后期我家的黄冠梨出现了一些裂果，一条纹到多条不等，请问是什么原因?

梨果实裂果一般在果实进入膨大期时发生，在特殊的气候条件和管理不当时，往往发生严重。发病原因主要是水分干湿不调造成的，如生长前期土壤过分干旱，果皮组织老化伸缩性较小，果实进入膨大

期以后，空降大雨或大水漫灌，果树根系大量吸水，使果实水分骤然大增，膨压增大，超过了果皮伸张力而导致果皮甚至果肉破裂。在灌溉条件差、前旱后涝的沙地果园，生理裂果比较严重。

10. 每年都在黄冠梨上抹药让黄冠梨提前上市，对梨树以后有没有影响？为什么抹药的梨上鸡爪多呢？

（1）长期使用激素类农药对梨树的影响一定是有的，但相对而言对品质的影响应该更为严重，如果产量控制不合理或者肥水跟不上很容易影响树势。

（2）抹药后使果实迅速膨大，稀释了果实中应有的钙素水平，从而导致钙元素含量相对较低，因此梨果上表现鸡爪多。此外，过量氮、钾肥的施用会加剧“鸡爪”褐斑病的发生。

11. 梨树秋季怎样施肥？

进入秋季天气开始凉爽，地温也随气温下降，梨树根系生长逐渐进入第二次生长高峰，是秋施基肥的最好时期，以下方法供参考：

（1）果树秋施基肥的时间：北京地区一般在9月下旬至10月上旬较好。此时期，地温较高，果树根系生长再次进入高峰期，吸收肥水能力强，施肥时挖断的小根系能很快愈合，并能产生一部分新根；同时因上部枝叶已经停长，所以果树能贮藏大量的营养供第二年春季萌芽、开花和新梢的生长。

（2）施肥的种类：秋施肥应以有机肥、无机肥（化肥）、生物菌肥配合微量元素肥料一起施入，可以更好地发挥有机肥的持效性、无机肥的速效性及生物肥改良土壤、提高肥料利用率的特点。

（3）施肥方法：可采用沟施或穴施，在树冠投影位置，挖40厘米深、宽的坑或环形沟，然后施入肥料混匀，接着回填土并灌一次透水。

12. 最近看到几棵老梨树花果同期，是什么原因?

梨树周年生长发育的一般规律是春花秋实，但有些西洋梨品种有在新梢上当年当季开花并结果的特性，但形不成商品价值。白梨、沙梨和秋子梨系统的品种没有这种特性。梨树秋季二次开花，会严重影响果树的正常生长和第二年产量，对果品生产极为不利。

致病落叶和害虫吃光叶片且气温较高的条件，是造成梨树“二次开花”的主要原因。因此，在果树生产上要加强果树的后期管理，特别是采果后的管理，切实做好病虫害防治，保护好果树叶片，才能有效防止果树出现“二次开花”的弊端。

13. 梨园适宜套种啥作物?

以下几种套种方案供参考:

(1) 套种马铃薯。梨园内行间可套种马铃薯。行距为 40 厘米，株距 30 厘米，可采用起垄和地膜覆盖栽培技术。

(2) 套种南瓜。选择用南瓜品种，单瓜可产籽 110 ~ 120 克，瓜壳用于养猪，瓜子可以出售，增加经济收入。3 月下旬 ~ 4 月上旬播种，可于梨树行间套种两行，采取行、株距为 140 厘米 × (50 ~ 60) 厘米，并做好整枝压蔓，提高坐果率。南瓜采收后，贮存 10 ~ 15 天，可增加种子饱满度，减少秕粒，提高种子千粒重。

(3) 套种花生。选用早熟花生品种，4 月上旬播种，采取行、株距为 33 厘米 ×20 厘米，1 亩栽 1 万株左右，施磷酸二铵 15 ~ 20 千克。8 月下旬收获，每亩可产 250 ~ 300 千克。

14. 如何根据产量对梨树进行计量、平衡施肥?

一般情况下，果树施肥根据产量确定，梨树可以是 500 克果 500 克肥，即想要出 500 克果子，就得投入 500 克左右的有机肥料，也可以适量增加肥料投入，但不可过度。另外，鸡粪含钾不足，如原施肥量偏大，容易造成氮、磷过量，而钾不足，应减少鸡粪施肥，增加牛

粪施入，注意补钾。

（三）桃

1. 如何提高桃含糖量？

就同一品种而言，提高含糖量可采取如下措施：①平衡施肥；②采前控水，雨前地膜覆盖树盘减少雨水渗入；③夏季修剪改善群体光照；④控制适当产量；⑤叶面喷施磷酸二钾等。另外，桃果实含糖量与品种有关，有些品种如白凤、绿化九号等品种含糖量高，京艳、京红等品种含糖量较低。

2. 桃树如何合理施肥？

桃树合理施肥是一个很难的问题，以下方案供参考：根据树势和产量按每50千克果施纯氮0.3～0.4千克，N：P：K比例为1：0.5：（0.8～1），可达到降低成本提高产量、品质，强壮树势的效果。

3. 桃前端已烂但后端尚硬是什么原因？

桃果前端已烂但后端尚硬的主要原因是缺钙引起的。生产中也有钾肥施得过量，导致果实早熟并易软顶，这种情况是钾过多颉颃了钙的吸收造成的。

4. 桃果提质增糖的关键措施是什么？如何使桃果可溶性固形物达到14%以上？

（1）桃果提质增糖的关键措施有：注意平衡施肥，控制氮肥的施用量。注意采前控水，不要在果实成熟前浇水。注意合理负载和树势控制，保持树势中庸，不能过旺。桃园群体结构要通风透光，提高光能利用率。

（2）选择品种很重要，如白凤、绿化九号等品种增糖的潜力很大，很容易将可溶性固形物提到14%以上，但京艳、八月脆等品种是低糖的品种，可溶性固形物达到12%就不错了，很难再提高。

5. 晚蜜桃为什么采前落果？

晚蜜桃在中短果枝上结果好。其果柄较短，中短果枝细可随果实膨大在梗洼中弯曲，而长果枝上结的果，在果实膨大时果枝较粗硬不易弯曲，在果实膨大的压力下，将会顶掉果实。生产中对晚蜜品种应多利用中、短果枝结果，少用长果枝结果，即可解决采前落果问题。

6. 如何使桃树早期丰产又延长盛果期年限？

在发展新桃园时，进行计划性密植，即定植时按临时株和永久株计划性密植。前1～4年对临时株实行轻剪缓放，促其早结果，增加早期产量。对永久株按常规整形技术修剪，注意树体骨架建造，兼顾早期结果。当临时株对永久株的生长发生影响时，及时疏除或缩剪临时株大枝，为永久株让路，直至将临时株去除，这样永久株可以有很大的空间长树，树大根深抗衰老，可延长盛果期的年限。计划性密植即照顾到桃园早期丰产，又兼顾了延长盛果期年限，是一种较全面的桃树栽培方式。例如，定植株行距2.5米×6米，最后间堡成5米×6米。

7. 如何自己制作授粉用桃花粉？

以下方法供参考：采集桃树大花蕾，用铁丝筛揉搓鲜花，脱掉花药筛簸去杂后，晾于干燥通风的室内，均匀摊铺在塑料布或光纸上，保持一日一夜24小时室温25℃即可晾干使用。

8. 桃花期推迟半个月，是不是果实成熟也推迟半个月？

花期低温影响了花期，延迟半个月，果实的成熟跟生长期的积温联系紧密，如果生长期温度很快恢复，有效积温上升比较快的情况下，果实的成熟期就不会推迟半个月。成熟期早的品种受低温的影响越大，成熟期推迟的时间越长。相应地说，晚熟的品种由于后期高温

的影响，使低温对延迟成熟的影响逐渐减小，果实延迟成熟的时间要比开花延迟的时间短得多，具体的时间跟后期的积温状况紧密相关。

9. 桃树花期偏晚，是否对桃成熟期有影响？

桃树花期受当地物候影响，春季低温，开花较晚，这样结果后，一般情况下也会相对晚熟一些。但具体能晚几天，还要看生长期的天气和气温情况。生产上可以采取加强田间水肥管理，做好夏剪，保证通风透光等措施，来减少低温对桃成熟期的影响。

10. 桃尚未成熟便落地，是什么原因？

桃尚未成熟便落果主要原因包括：第一，营养竞争引起，果实结得过多或新梢生长过旺造成营养竞争；第二，采前主要是粗果枝结的果易早落，原因是桃果柄短，果实采前膨大生长迅速，果实梗洼部分的膨大挤压，使果柄被拉掉，造成果实脱落，中弱果枝就不易出现采前落果；第三，有的品种双胚现象较多，双胚果在果实膨大期易落果。

11. 请问扁的蟠桃是不是转基因食品，怎么几年前没看到过？

市场上的桃基本分为三类：普通桃（有毛），油桃以及蟠桃。蟠桃是桃的变种，并不属于转基因食品。蟠桃属桃中佳品，外形美观方便食用。目前，我国桃生产上没有转基因果品。改革开放前，蟠桃的品种很少且多数品种果个小或不耐运输，商品性状较差。近二十年来，我国桃育种家根据市场需求，通过杂交育种培育出早、中、晚熟系列蟠桃品种并在生产中大力推广，使我国鲜桃市场品种丰富多彩，以满足消费者的个性化需求。

12. 桃提前休眠需要用药吗？有什么方法可以促使桃提前成熟？

（1）桃提前休眠目前没有什么生产适用的药可用，通常采取日光温室提前降温的方法，于11月初白天盖帘，晚上揭帘，用人工方法强制降温，可达到桃提前休眠的目的。

（2）促进桃提前成熟有三种方法：一是早春树根两侧铺透光地膜，提高地温。二是桃树旺长期，7 月 20 日开始叶面喷施多效唑 200 倍，10 天喷一次，可喷 2～3 次，喷后 10 天观察新梢嫩叶发皱，可停止继续喷药。三是加强夏季修剪，控制树势旺长，促进果实尽快成熟。

（3）使温室桃提前成熟的根本方法，是选用需冷量短、果实发育期短的品种。

13. 如何提高桃的坐果率？

露地桃在花期喷硼砂 300 倍加尿素 300 倍，有助于花粉发芽，易于坐果。在温室，除了喷硼砂外，还需要放蜜蜂或人工辅助授粉，对于提高坐果率有好的效果。

14. 桃树优质早果高光效新树形——倾斜主干偏展形（一边倒技术）适合油桃吗？

油桃是桃的一种，一般桃的生产技术都可使用，桃树优质早果高光效新树形—倾斜主干偏展形（一边倒技术）也适合油桃。

15. 久保桃的桃核开裂是怎么回事？

可能的原因包括：①与气候有关，前期干旱，果实进入膨大期降大雨，果子迅猛膨胀，造成果核开裂。②与品种特性有关，久保桃属于中熟品种，桃核不软不硬，离核，易开裂。③与修剪管理有关，现在推广缓放枝条、长枝修剪，这样果实发育好，果个大，但易发生裂核。建议长放的长果枝多留 1～2 个果，防止果个过大造成裂核问题。

16. 桃树摘果前出果锈怎么办？

可采用果实套袋的方法防止果锈。

（1）果袋选择及使用方法：

果袋选择。果袋类型主要有塑料袋和纸袋，桃一般选择纸袋。

套袋时期。谢花后 50～55 天进行套袋。套袋时间以晴天上午 9：00～11：00 时和下午 15：00～18：00 时为宜。套袋前 2～3 天全园要喷施 1 次杀虫杀菌剂，可喷 50% 混灭威乳剂 800 倍或 10% 吡虫啉 5 000倍液或 20% 灭扫利 2 500倍液。

摘袋时间。摘袋时间因纸袋类型、桃品种的不同而有所差异。套单层浅色纸袋易着色的油桃和不上色的桃，采前可不去袋；选用深色单层纸袋的中晚熟桃，于采前 5～7 天将袋去除。

（2）注意事项：

桃套袋后果实的可溶性固形物一般会降低，应注意多施农家肥，控制浇水，适时采收。采收前注意喷药安全间隔期。

17. 桃树种子如何催芽？

秋季将桃树种子用清水浸泡 24 小时后，将种子与河沙以 1：3 比例充分混匀，沙的湿度以手握成团不滴水、且一触地即散为宜。将混沙种子堆放在建筑后背阴处，沙堆厚度不超过 40 厘米，表层再覆 10 厘米净沙或盖塑料布保湿。经冬季低温种子即度过休眠期。到春季可直接播种，也可将沙藏的种子移至背风向阳处先催芽后再播种。

18. 桃树夏季如何摘心？

（1）直立枝摘心。对背上直立生长的新梢，留 5～6 片叶摘心，摘心后能发出 1～2 个新梢，留 5～6 片叶再次摘心，全年进行 2～3 次，新梢的旺长就可得到有效控制。此期摘心要做到勤，因摘心时新梢的长短不同，控制效果不同。新梢长到 5～6 片叶时摘心，可转化成中长果枝；若新梢长到 30～40 厘米再剪梢，可形成结果枝组。

（2）果枝摘心。对尚未停止生长的长果枝，摘去 1/5～1/4，控制生长，促进花芽分化。

（3）副梢摘心。对骨干枝延长枝上的副梢摘心，可控制生长，促进枝条组织充实；对上次夏剪所控制的徒长枝和竞争枝上的副梢摘心，可控制生长，促进花芽分化。

（4）剪口枝摘心。对于剪口附近容易旺长的枝条，留 3 片叶摘心，留下 3 片叶的叶腋间没有叶芽，需要重新形成叶芽后才能生长，一般摘一次即可，如长势旺需再进行一次摘心。但要注意早摘心，重摘心。中庸树、偏弱树不宜采用。

19. 桃树春季如何管理？

桃树春季管理主要指桃树萌芽前、萌芽、开花、坐果及幼果发育这段时期的管理。其主要技术要点如下。

（1）施肥。桃树枝梢生长迅速，果实发育期短，因此，施肥要及时、合理。如果是在桃园秋季未施基肥的，可春季施肥，时间不宜超过 3 月下旬。肥料种类为氮、磷、钾化肥与有机肥配合。株产 35～50 千克果实的桃树，单株施优质腐熟人畜粪 40 千克，尿素 0.25 千克，过磷酸钙 0.15 千克，氯化钾 0.4 千克。施肥办法：在树冠下面，靠近根系分布区，挖 2～3 个施肥坑，将有机肥与氮、磷、钾化肥充分混匀后施入，施后及时盖土。

（2）预防生理落果。生理落果是桃树生长上存在的重要问题，在多雨条件下表现尤为突出。桃树生理落果有 3 个时期：第一期于谢花后发生，主要由雌蕊和花粉发育不完全、授粉不良所致；第二期在幼果期，主要是树体营养供应不良而致；第三期是硬核期发生，主要由新梢与果实争夺养分、水分所致。也要注意病虫为害等因素。

克服生理落果措施：树势旺的桃树，春季尽量少施或不施氮肥，下半年多施基肥，农家肥。在硬核期前控制枝梢旺盛生长，可采取摘心，剪枝、控枝等办法调控。雨季搞好桃园开沟排水工作，防止渍害。在果实生长发育期用 0.4% 尿素液或 0.3% 磷酸二氢钾液喷树冠，补充桃树营养的不足。另外，要特别搞好果实生育期病虫防治。

20. 桃裂核问题？

桃裂核主要有以下几个原因：

（1）甩放长果枝上留果少，使果实生长过大，在果实膨大期果肉膨大剧烈，将果核掰裂。

（2）果实膨大期浇大水或遇大雨，果实猛然多吸水分，特别是枝头果吸水更多，表现裂核更严重。

建议：树冠中部以上强壮果枝每枝多留 1 ~ 2 个果，果实膨大后期浇小水或采前 7 ~ 10 天控制浇水。

（四）樱桃

1. 樱桃树如果像柿子树那样不修剪会结果吗？

樱桃树不修剪，只要能有正常的肥水供应，把叶片保护好，能进行光合作用就能积累养分，就能形成花芽，开花结果。但不整形修剪的树，树冠郁闭，树形紊乱，通风透光条件差，所结果实质量较差，树势也易衰弱，不易保持长期高产稳产。

2. 樱桃树树龄 10 年，粗放管理，株行距 3 米 ×4 米，树形为主干疏层形，树体直立上强，大枝密挤，群体光照差，形成花芽很少，请问如何对樱桃树进行夏季修剪？

以下方案供参考：

（1）疏清层距：对层间不足 1 米的过渡大枝原则上从基部疏除，基部有小枝可在小枝处回缩。

（2）落头开心：将树高控制在 4 米以下，选南向大枝落头，去除北向顶部大枝。

（3）小枝处理：疏除背上强枝，对其他斜生枝采取拉枝，缓和生长；对新梢实行摘心，促发分枝促其发育充实，此时期尽量少去枝叶，对旺长新梢只摘心不短截。

（4）开张角度：对角度小的骨干枝，拉枝开角到 60°左右，对辅养枝开张角度到 80° ~ 90°。

3. 樱桃树已经结了一批果子，又开出了花应该怎么管理？

根据咨询者的具体描述，造成二次开花的原因是红蜘蛛（叶螨）

为害严重、樱桃树早落叶所致。相应的补救措施如下。

（1）及时防治红蜘蛛，保住现有的叶片。

（2）喷施叶面肥，补充一些营养。

（3）摘掉二次花，节约营养。

（4）早施有机肥增加树体贮藏营养。

4. 八年树龄的樱桃树追施尿素后，有一棵樱桃树枝上新发的芽开始发黑变黏是怎么回事？树会死亡吗？

（1）根据咨询者描述的情况，可能是施肥不均匀，造成 N 素过量供应引起的铵中毒。

（2）因为已经是大树了，不会造成整棵树死亡。

5. 樱桃树受冻害，木质部变黑，现已经发芽，有什么方法可以补救？

如果樱桃树形成层和韧皮部问题不大，再看看根茎，如果没事，就有恢复的可能。相关补救措施如下。

（1）树下地面铺地膜，提高地温。

（2）树干涂白，防治进一步冻伤。涂白部位主要是树干基部（高度在 0.6～0.8 米）和果树主枝中下部，有条件的可适当涂高一些，则效果更佳。早春涂白时间的确定条件是在涂后晾干前不结冰的前提下，越早越好。涂白能有效防止树进一步冻伤。涂白剂的制作：生石灰 10 份、石硫合剂 2 份、食盐 1 份、油脂（动植物油均可）少许、黏土 2 份、水 40 份，搅拌均匀后进行树干涂白。

6. 在冷棚中种樱桃需要注意哪些事项？

（1）选择适宜品种。适宜大棚种植的早熟品种或中早熟品种有："芝罘红"、"红灯"、"红樱桃"、"雷尼尔"、"佐藤锦"等。短枝型品种和自花结实力强的品种有："短枝先锋"、"短枝斯坦勒"等，株行距可采用（2.0～2.5）米×（3.0～3.5）米。

（2）扣棚时间。扣棚时间应根据大棚设施条件和鲜果上市的时间来确定。一般栽植后第三年，当植株形成一定的花芽量时，即可扣棚。选用拱圆塑料大棚，南北向。应在樱桃树自然休眠之后（大致在1月下旬至2月上旬）扣棚。

（3）棚内温、湿度要求。发芽前，白天18～20℃，夜间2～5℃，空气相对湿度80%；花期白天20～22℃，夜间5～7℃，空气相对湿度50%～60%；花后至果实膨大期，白天22～25℃，夜间10～12℃，空气相对湿度60%；果实着色至采收期，白天22～25℃，夜间12～15℃，空气相对湿度50%。

（4）花期管理。①提高坐果率：提高花芽发育质量；人工授粉或放蜂授粉；盛花期喷50×10^{-6}GA3或稀土微肥300倍液；花后10天左右，及时对新梢摘心。②疏花蕾：应掌握疏晚花、弱花，疏发育枝上花的原则。③疏果：应在生理落果后进行，一般一个花束状短果枝留3～4个果，最多4～5个果，应注意留水平或朝上方向的果实。④促进果实膨大和着色：花后脱萼前，叶面喷施氨基酸复合微肥；在果实着色期，摘除遮挡果实阳光的叶片，但不能摘叶过多；在果实采前10～15天，树冠下铺反光膜。

（5）整形修剪。采用光照较好的延迟开心形或纺锤形；夏季完成全年修剪任务；扣棚前拉枝，调整枝条角度；新梢连长期连续摘心，控制旺长。

（6）病虫害防治。主要防治对象有花腐病、褐腐病等，棚内一般害虫较少。在病虫害防治上，应抓好夏秋季果园管理，消灭各类越冬害虫。

7. 樱桃秋季如何管理?

早施基肥。基肥早施，当年就能发挥肥效，可增加越冬前的营养储备。9月正值樱桃根系生长高峰期，有利于营养的吸收，同时受伤的根也能得到很好恢复，有利于多发新根。此时施肥主要施农家肥、磷肥和适量氮肥。幼树在树冠投影处开沟深施，盛果期树结合翻地全园撒施。处于扩冠期的幼树一般每株施人粪尿 30～50 千克或纯鸡粪 5～8 千克，为促使树冠早日形成，可每株增施氮肥 150 克；盛果期树一般每株施人粪尿 60～80 千克或纯鸡粪 20～30 千克。

做好病虫害的防治。9 月多连阴雨天气，病菌易传播。此时防治病虫害要注意轮换用药，一方面是消除或缓解病菌和害虫对药的抗性，另一方面是减少某种农药的残留。

（五）葡萄

1. 葡萄当年枝条未成熟，翌年春又没施肥，新梢生长很弱，如何管理？

以下管理措施供参考：①春季伤流过后，适当回缩衰弱株的枝蔓；②早抹除双芽；③立即追施速效氮肥并充分灌水；④加强根外喷肥。

2. 葡萄夏剪方法？

新梢果穗以下的副梢全部从基部抹除，果穗以上副梢留 1～2 叶片反复摘心，顶端副梢留 3～4 叶片摘心。无果穗新梢留 10 叶片左右摘心。

3. 请问晾台能不能种葡萄？怎样护理？

（1）晾台可以种植葡萄。

（2）护理方法：

换盆：盆栽葡萄随着葡萄年龄的增长，1～2 年换一次花盆。换盆时，将土球周围的老根切断去除，添加肥料和新土，有利于来年发生新根，促进新梢生长良好。

浇水：生长季节浇水，每次要浇足浇透，下次浇水要等土壤稍干燥再浇。浇完水要及时松土通气。

每年对新梢生长的管理：一般盆栽葡萄的新梢留十个叶片，每个新梢的叶腋间有两个芽，大的芽叫冬芽，当年不萌发，是明年长梢结果的芽；小的芽叫夏芽，是当年要萌发长梢的芽。为了节约养分，充实主蔓的生长，对于夏芽长出的杈梢留两叶片反复摘心抑制生长，使主蔓长的粗壮。葡萄的新梢一般长到1厘米左右粗的枝蔓，来年才容易结果；如果枝条过细，就不会结果。

4. 请问双氰胺是否可以打破葡萄树休眠？

双氰胺含量≤3.00%，作为植物生长调节剂，通过终止植物休眠，可刺激葡萄和其他作物发芽，尤其对热带及亚热带等缺少冬季寒冷地区及暖棚种植的水果等作物具有特殊作用。一般可使作物提前2~4周发芽，提前2~3周成熟，并使作物萌动初期芽齐、芽壮，还可增加作物单产。另外，其还是有效的灭菌剂、落叶剂和除草剂，还可以作为生产杀虫剂、除草剂、杀菌剂等的合成原料。

5. 大棚葡萄的出芽率不怎么高，怎么能提高出芽率？

大棚葡萄出芽率不高，主要是低温需冷量不够造成的，可以用石灰氮涂芽来打破休眠、促进萌芽整齐，大棚葡萄一般在升温前15~20天左右涂芽。常用浓度为10%~20%，需用40~50℃温水在塑料容器内配制，搅拌1~2小时后成为糊状，并加入少量吐温-20等展布剂使用，采用蘸药涂抹的方式。涂药后应保湿并逐渐升温，忌升温过快。注：在当地农资部门能够买到石灰氮。

6. 葡萄树冬天不埋行吗？

葡萄起源于温带，属于喜温作物，耐寒性较差，一般认为冬季-17℃的绝对最低温等温线是我国葡萄冬季埋土防寒与不埋土防寒露地越冬的分界线。我国葡萄冬季覆盖与不覆盖的分界线大致在从山东莱州到济南，到河南新乡，到山西晋城、临猗（yī），到陕西大荔、泾阳、乾县、宝鸡，到甘肃天水，然后南到四川平武、马尔康、云南丽江一线。此线以南地区葡萄不覆盖可以安全越冬；而在此线以北在冬季绝对低温为-21~-17℃的地区，需要埋土防寒轻度覆盖才能安全越冬；而在冬季绝对最低温 -21℃线以北的地区栽培葡萄，冬季要埋土防寒严密覆盖，否则将会发生冻害。在北京地区的葡萄树冬天需要埋土防寒，一般防寒土墩土层厚度不低于 20 厘米。

7. 如何栽培克伦森无核葡萄？

克伦森无核葡萄，又名克瑞森无核、淑女红，是美国育成的晚熟、红色无核葡萄品种。晚熟，较丰产，适应性强，非常耐贮运。栽培注意以下几方面的问题：

（1）选择合适的栽培环境。克伦森无核葡萄成熟较晚，在无霜期短的区域栽植很难成功，应选择无霜期在 170 天以上的区域栽培。要求土壤质地疏松，排水条件良好。

（2）选择适宜的架式。克伦森无核葡萄生长势极强，在一般管理条件下，1 年生枝条粗度能达到 2 厘米以上。定植时要适当稀植，行距 2.5～3 米，株距 1.5～2 米或行距 4 米、株距 0.7 米，采用棚篱架或小棚架架式。

（3）注意肥水管理，控制生长势。针对克伦森无核葡萄生长势强的特点，在栽培管理上要适当控制肥水，主要是少施氮肥，多施磷、钾肥和微量元素肥，如锌、铁、镁肥等；要少追肥多施基肥；在不太干旱的情况下，少浇水或不浇水；在北方雨水较多的 7、8 月份，注意雨后及时进行排水、中耕，并用多效唑等进行化控，防止因旺长而影响花芽分化。

（4）注意夏季修剪，合理冬剪。克伦森无核葡萄生长势强，定植当年要进行多次摘心，防止新梢徒长，促使枝蔓生长充实，促进花芽分化，降低成花节位，确保翌年结果。当植株长到 15 片叶时，保留 14 片叶摘心，第 1 次封顶，除留顶端 1 次副梢外，其余 1 次副梢保留 3 片叶摘心，其上 2 次副梢除顶端 2 级副梢保留 1 叶摘心外，其余一律抹除，其余顶端 3 次乃至多次副梢一律反复 1 叶摘心。第 1 次封顶后，顶端 1 次副梢做 2 段主蔓培养，当生长到 11 片叶时，保留 10 片叶，第 2 次封顶，其上 2 次副梢除顶端 2 次副梢外，保留 2 片叶摘心，其上3次副梢除顶端3次副梢保留1片叶摘心外，其余一律抹除。第2次封顶后，顶端2次副梢做3段主蔓培养，长到10片叶时，保留9片叶，第3次封顶，以上3次副梢除顶端3次副梢外，保留1片叶摘心，以后各次副梢保留1片叶反复摘心。

冬剪在10月中下旬进行，留蔓高度一般在1.5米左右，第2年发枝后，基部0.4米内不留枝，以上间隔15～20厘米留1个壮枝。结果枝果穗下保留6片叶摘心，营养枝保留8片叶摘心，结果枝顶端保留一二个副梢，留2片叶反复摘心，果穗以下副梢从基部抹去，其他副梢留1片叶摘心。多余新梢、副梢及卷须要尽早抹除，以保证良好的通风透光条件，减少营养消耗。在冬季修剪时，要注意留芽量，以便于以后管理。一般每亩留芽8 000个左右，每个主蔓留30个左右。为了便于管理更新，宜采取短梢修剪法。

无核葡萄切忌管理粗放。在整个生长季节要多次修剪，及时去掉那些影响架面通风透光的徒长枝、细弱枝，对旺长的骨干枝要进行多次适当摘心，控制生长势。

（5）科学进行花果管理，合理确定负载量。花前1周掐去穗尖和副穗，使果穗整齐一致。盛花后20天左右疏穗，壮枝留2穗，中等枝留1穗，弱枝不留。落花后15天左右疏粒，疏去小粒、畸形粒、过密粒，每穗保留100粒左右。此时，果粒进入迅速膨大期，可用美国“奇宝”处理果穗，或用“吡效隆”膨大剂浸果穗，以增大果粒。6月下旬喷杀菌剂1次，50%多菌灵600倍液或75%甲基托布津800倍液，喷后一二天内套袋。8月下旬或9月上旬开始摘袋，并摘除果穗周围遮光的老叶，促进着色成熟。

克伦森无核葡萄的合理产量以每亩不超过1 500千克为宜。留果过多就容易引起着色不良和后期果实萎蔫。每个主蔓最后的留果量为15穗左右。这样既保证了当年产量，又能保证第二年结果，使树体有一个合理的树形和叶幕层，利于果实着色。

（6）正确应用赤霉素。应用赤霉素时有两个注意事项：一要注意时期，第1次喷施时期以盛花期末至落花期为宜，这一时期喷施能起到一定的疏花疏果作用，有助于保持合理的穗形；第2次喷施时期为盛花后10～15天，这一时期喷施能有效地起到膨大果粒的作用。二要注意浓度，第1次的浓度以每千克10～15毫克为宜，第2次的浓度以每千克25～30毫克为宜。

（7）及时去除二次果。由于生长势很强，副梢的果枝率很高，如不及时去除，就会产生大量二次果。二次果颜色深，果皮厚，糖度低，酸度大，品质差，要及时去除。

（8）适时分批采收。克伦森无核葡萄的着色成熟期很长，而且葡萄粒内输导管过短，容易使葡萄粒尾部萎蔫，降低商品性，所以成熟后一定要及时地分批采收。

（9）防治病虫害。克伦森无核葡萄主要病害有白腐病、霜霉病，防治白腐病用多菌灵、退菌特等药物，防治霜霉病用疫霜灵或杀毒矾，严格按说明书喷施。到8月中旬，可用1∶1∶150倍的波尔多液防治。

8. “硕丰481”植物生长调节剂能不能喷施葡萄?

“硕丰481”是采用高科技生产工艺直接从植物花粉及其衍生物中提取而成的天然芸薹素内脂，含有天然植物激素和有机直接调节物质，具有生长素、细胞分裂素和赤霉素等多种功能。可在作物生长发育的各个阶段使用，调节植物的生长发育过程，促进作物生长，改善品质，提高产量。该生长调节剂适合多种果树，能喷施葡萄，请严格按照说明书使用。

9. 葡萄可以盆栽吗？怎样栽培管理？

（1）葡萄可以盆栽。

（2）盆栽葡萄应选用30～40厘米直径的大灰瓦盆，或用木箱。盆土可用4份腐叶土、5份沙壤土和腐熟的鸡粪、1份豆饼配制而成。要选节间短的1～2年生优良品种的健壮幼苗上盆。上盆后要用竹竿搭好支架。一般幼苗只留一根主茎即可，待长至50厘米高时要摘心，以促其侧蔓生出。当侧蔓长出 3～4 片叶时，再摘心。经多次摘心，就可培育出主茎粗壮、侧蔓冬芽饱满的结果母枝。葡萄生长期，需要充足的阳光和通风的环境，供水要充足，春秋季可每天浇一次水，夏季可上下午各浇一次（水要经日晒后再用，忌用冷水）。雨季要注意及时排除盆内积水。施肥除上足基肥外，一年可施 3 次追肥：开花前多施饼肥；果实期施饼肥和磷钾肥；7 月份再施 1 次饼肥，以促第 2 次结果。8 月份果实着色期，可再施一些磷钾肥。施肥时，必须先松土后撒肥，然后再浇水。要想使葡萄植株生长健壮、结果多，必须正确而及时地修剪枝蔓。冬季修剪，应在冬季休眠期进行，最迟不能晚于春季萌芽前。夏季修剪在生长期间随时进行，主要是除芽、摘心疏花序、去卷须、摘叶等。结果枝之间要保持一定距离，使蔓条分布均匀。没有果穗的新梢，在长到 5～6 片时要打尖。对老弱的结果母枝，应注意选留预备枝，尽可能靠近主蔓选留，不使结果枝部位上升。葡萄根系发达，绕盆盘转，容易结根，必须每年秋后翻一次盆，换上新土，剪除腐朽老根。修根只需在外围割断 1 厘米深即可，不能破坏根团。

10. 葡萄到了成熟期，可是出现裂果情况，如何解决？

葡萄裂果一般在果实近成熟期时发生。在特殊的气候条件和管理不当时，往往发生严重。发病原因主要是水分干湿不调造成的。如葡萄生长前期土壤过分干旱，果皮的机械组织伸缩性较小，果实进入着色期以后，空降大雨或大水漫灌，果树根系大量吸水，使果粒内的水分骤然大增，膨压增大，超过了果皮伸张力而导致果粒破裂。在灌溉条件差、地势低洼、排水不良、土壤黏重的葡萄园，生理裂果比较严重。

以下措施供参考：完善果园排灌设施，尤其是降水不均区域可在土壤浅层均匀施入瑞士汽巴公司阿可吸 300 克，既可节省灌水，又可稳定田间持水量。花后做好疏粒整穗，不使果粒间互相挤压，尤其是套袋前及解袋后喷施两次瑞培钙比较有好的效果。

11. 大棚葡萄如何才能早产？怎样保证果粒均匀？

（1）想做到早产需要多方面的工作，适当人为创造环境早打破休眠是最关键的环节，整个生长季栽培肥水管理也很重要。

（2）在保证颗粒均匀方面，控制树势旺长，偏施氮肥；合理补充瑞培硼，瑞培锌等微量元素；做好疏果工作 3 个方面即可。

12. 别人的红地球葡萄都红了，可我们家的还绿着呢，该怎么办？

根据咨询者的情况，红地球葡萄已到了上色初期，但现在不上色也不用着急，关键是看葡萄的亩负载量是多少。如果负载量不大，不要太着急，着色就是现在晚点，到成熟期也不会差多少；但如果负载量较大，超过1 500千克，一定得在后期管理过程中多补充些叶面肥，如汽巴磷酸二氢钾1 000倍＋碧欧叶面肥1 000倍液连续使用2～3 次，增糖上色效果不错，同时还得着重预防白腐和炭疽病，着色后可十天半月的喷施一次好力克3 000倍液。

13. 在温室里种植葡萄的株距、行距是多少？

温室和大棚等栽培葡萄与露地不同，它属于集约化栽培，要求尽快达到丰产指标；栽植行向以南北为宜，宜采用计划密植，株行距为 0. 5 米×1. 5 米的单行栽植或 0. 5 米×0. 5 米×2. 0 米左右的双行栽植。栽植密度与架式及整形等都有关；不同架式和整形及管理水平都决定栽培密度。

14. 秋季如何施葡萄基肥？

（1）沟状施。一般沿定植行开沟施入。若定植后第一次施基肥，可沿定植沟外向外开 30 厘米宽、60 厘米深的沟。开沟时，表土、生土分开放，施肥前，先回填一层（10 厘米左右）表土，再施入基肥，填表土。然后，将土、肥搅拌一遍，最后以生土回填至沟平，余土作埂，便于浇水。

（2）撒施。此法在老葡萄园常用。即将基肥普撒于葡萄行间，然后耕翻，此法的优点是省工省时，受肥面广。缺点是施肥过浅，肥量需加大。

15. 葡萄生长后期咋浇水？

（1）巧浇着色水。一般在天旱时要每隔 5 ~ 6 天浇一次水。果实开始着色并迅速膨大增长期，要结合浇水进行后期追肥，使浆果迅速膨大。如果此时浇水不足，果实生长发育迟缓，到成熟期遇大雨或浇水过多，易发生裂果现象。

（2）巧浇熟前水。在果穗成熟前的浆果期结合施肥，浇一次浆果熟前水，这样可补充葡萄生长后期的水分不足，促进果穗成熟。

（3）巧浇养蔓水。葡萄采收后至防寒前要浇 2 ~ 3 次水，以提高土壤墒情，促进根系生长发育，滋润枝蔓，防止抽干，起到促根保根，滋养枝蔓的作用。

（六）干果（核桃、板栗、榛子）

核桃

1. 核桃嫁接为什么成活率低？如何嫁接成活率才高？

（1）核桃嫁接不易成活主要原因是核桃伤口有伤流液，伤流液可形成一层隔离膜，影响嫁接口的愈合。

（2）解决方法：①采用绿枝嫁接的方法：即在新梢生长到 30 ~ 40 厘米长，尚未木质化、没有伤流时，嫁接可提高成活率。②若采用芽接，一定要把接芽对准砧木新梢上的芽基。掌握以上两点就可提高成活率。③在硬枝部位嫁接，要在其新梢生长到 10 ~ 20 厘米长时进行芽接，可提高成活率。

2. 春天有的核桃树没开花，但还是结了果，这样的果实仁会饱满吗？春后雨量较多，催生了不少嫩疯条，秋后如何处理为好？

（1）没开雄花结了果是风媒的结果，不影响果实仁饱满，注意不要过早采收。

（2）根据咨询者的具体情况，不是春后雨量较多，催生了不少嫩疯条，而是冬季冻害严重，结果量很少且冻死一些树枝，必然造成发生不少嫩疯条的结果。此结果对 50 年生的大树不是坏事，是一个调整，可以增强树势、增加枝量、提高产量。嫩疯条太多可适当剪掉一些。

3. 核桃皮胶可否有替代品？

皮胶是一种黏着剂，可以适量使用。如果是成龄实生老树可用废柴油、废机油代替皮胶作为黏着剂使用。如果是幼树可用涂白剂和聚乙烯醇代替。①涂白剂的配方是：食盐 0.5 千克，生石灰 6 千克，清水 15 千克，再加入适量的黏着剂和石硫合剂的残渣涂遍幼树枝干；②聚乙烯醇涂干，用熬制好的聚乙烯醇将苗木主干均匀涂刷。聚乙烯醇外观为白色颗粒，其水溶液有很好的黏结性和成膜性，可为核桃树提供很好的过冬防寒“外衣”。聚乙烯醇的熬制方法为：一般采用“聚乙烯醇：水 =1：（15 ~20）”的比例进行熬制。先将水烧至50℃左右，然后加入聚乙烯醇（不能等水烧开后再加入，否则聚乙烯醇不能完全溶解，溶液不均匀），随加随搅拌，直至沸腾，然后用小火熬制 20 ~30 分钟后即可。待温度降到不烫手后使用。

4. 二尺长的山西薄皮核桃树几年结果，几年能到丰产期，丰产期几年？单株产量能达到多少，丰产期如何管理？

（1）早实类型的核桃品种 2 ~4 年即可结果，8 ~10 年进入丰产期。核桃树自然寿命长，枝条更新能力强，很多地方都有百年以上、硕果累累的老树，所以，在合理施肥、灌溉和定期更新修剪的条件下，核桃树的经济寿命很长。

（2）丰产期单株产量在10～20千克，丰产期主要栽培管理措施如下。

树体修剪。丰产期修剪应注意改善树冠通风透光条件，防止结果部位外移，更新复壮结果枝组，实现高产稳产。修剪方法：①及时疏除细弱枝；②清除树冠内过密枝、病虫枝及干枯枝；③对衰弱的骨干枝和结果枝回缩更新、抬头复壮；对健壮结果枝组严格进行“三套枝”修剪，克服大小年，延长结果年限。

土肥水管理。土壤管理采用覆草结合深翻的措施，可以用麦秸、玉米秆、豆秸、草蒿等覆盖，最好全园进行，保持15～20厘米厚，核桃采收后至上冻前在树边缘挖40～60厘米深的沟，将覆盖物深埋，每株掺入尿素3～5千克，灌足封冻水。早春结合灌萌芽水适量追肥；开花坐果期和幼果速长期每株追施3～5千克磷酸二铵或多元素复合肥，并全树喷洒0.3％～0.5％的磷酸二氢钾溶液1～2次（间隔8～10天）；秋季落叶前30～40天喷洒0.5％～1％尿素溶液。土壤深翻是薄皮核桃栽培中必不可少的栽培措施，每年深翻30～40厘米，保持土壤疏松，能够提高土壤保水蓄肥能力，增加透气性，加深根系分布层，扩大其吸收营养范围。

防治病虫害。核桃病虫害较少，主要有黑斑病、云斑天牛、吉丁虫等，防治以预防为主、综合防治为原则。防治措施有：在核桃采收后结合秋季修剪，将所有病虫枝、病叶和病果集中烧毁和深埋；萌芽前喷洒3～5°石硫合剂，杀死越冬病虫；云斑天牛可在6～7月份利用灯光诱杀、人工捕捉、捶击产卵的破口、用铁丝钩杀幼虫，或用药棉球、毒签堵塞虫孔并泥封等办法防治；吉丁虫在7～8月份发现有幼虫注入的通气孔，立即涂抹5～10倍氧化乐果，可杀死皮内小幼虫或结合修剪，剪去受害的干枯枝；核桃黑斑病在收麦前连喷3次退菌特或50%甲基托布津，可收到良好的效果。

去雄疏果，适时采收。薄皮核桃的花量大，结果早而多，为防止因过多消耗养分而早衰，应及时去雄疏果。疏雄于雄花芽萌动前20

天进行，疏雄量80% ~90%；雌花受精后20~30天进行疏果，每平方米树冠投影面积保留60~100个果实。秋季当全树有30%的核桃皮自然开裂时，即可采收，保证核桃仁饱满，品质优良。

5. 川北地区的核桃树秋后如何修剪？

根据核桃枝条和芽的特点，应在采收之后至落叶前修剪，可避免伤流。修剪方法如下。

（1）初果期的修剪。核桃初果期营养生长较旺，树冠逐年扩大，这时修剪，除要继续培养多级骨干枝外，还要注意保留辅养枝，疏去密挤枝、徒长枝和细弱枝；使多类枝条分布均匀，树冠内膛要适当多留结果枝，加大结果面积，用去强留弱的办法来调整各级骨干枝的生长枝，以保持树势均衡发展，培养成丰满的树冠。

（2）盛果期的修剪。此时修剪应以保果增产、延长盛果期为主要目的，对冠内外密生的细弱枝、干枯枝、重叠枝、下垂枝、病虫枝要尽量从基部剪除，改善通风和光照条件，促生健壮的结果母枝和发育枝，对内膛抽生的健壮枝条应适当保留、培育成结果枝组。对过密大枝，要逐年疏剪，剪时伤口削平，以促进良好愈合。

（3）衰老树的修剪。核桃树的长势衰退时，要重剪更新，以恢复树势，延长结果年限。对多年生枝进行回缩修剪，在回缩处选留一个辅养枝，促进伤口愈合和隐芽萌芽，使其成为强壮新枝，复壮树势。对过于衰弱的老树，可逐年进行对多年生骨干枝的更新，利用隐芽萌发强壮的徒长枝，重新形成树冠，使树体生长健旺。修剪同时，与施肥、浇水、防治病虫害等管理结合起来，效果就更好。

6. 请介绍核桃树常用的栽培技术

（1）建园与栽植

选择深厚肥沃，保水力强的壤土种植，在山地建园时应选择光照充足的南向坡为佳。

推行矮化密植栽培，并选用嫁接苗，以秋季（9~11月）或萌芽

前定植最为适宜。

（2）土壤管理

耕作：进行深耕压绿或压入有机肥，春、夏、秋三季均可进行，深度以 60～80 厘米为宜。行间可间作豆科作物或绿肥。

施肥：增施氮、钾肥，注意补充磷和钙，同时还要增施有机肥。幼树定植当年至发芽后开始追肥，每月 1 次，到 9 月底施一次基肥，第 2～4 年，每年于 3 月、6 月、8 月、10 月共施 4 次肥即可。成年树每年施基肥 1 次，追肥 2 次即可。基肥于秋季采果后结合土壤深耕压绿时施用。

灌水：核桃喜湿润，耐涝，抗旱力弱，在开花、果实迅速增大、施肥后以及冬旱等各个时期，都应适时灌水。

（3）整形修剪

修剪时期以秋季最适宜。幼树整形以采用主干疏层形为宜；结果树修剪应经常注意利用好辅养枝和徒长枝，培养良好的结果枝组，及时处理背后枝与下垂枝。

（4）人工辅助授粉与疏除雄花序

于上午 9～10 时开展人工辅助授粉。雄花芽休眠期到膨大期疏雄效果最好，可结合修剪进行。

（5）病虫害防治

褐斑病防治：①清除病原。②开花前后和 6 月中旬各喷一次 1∶2∶200 倍波尔多液或 50% 甲基托布津可湿性粉剂 500～800 倍液。

黑斑病防治：①清除病源物。②发芽前喷波美 3～5 度石硫合剂。5～6 月喷洒 1∶2∶200 售波尔多液或 50% 甲基托布津可湿性粉剂 500～800 倍液，于雌花开花前、开花后和幼果期各喷 1 次。

核桃举肢蛾防治：①冬春耕翻树盘，消灭越冬虫蛹。8 月上旬摘除树上被害虫果并集中处理。②成虫羽化出土前可用 50% 辛硫磷乳剂 200～300 倍液树下土壤喷洒，然后浅锄或盖上一层薄土。③成虫产卵期每 10～15 天向树上喷洒一次速灭杀丁 2 000倍液。

7. 如何嫁接核桃?

(1) 幼苗的春季枝接

砧木最好选取1~2年生实生核桃苗，早春按30厘米×30厘米移植到预先整好的苗圃地中。到4月中上旬移栽的核桃苗抽发的新梢在2~3厘米以上时，即可进行嫁接。

双舌接：砧木接穗在1.5~2厘米且粗度相同时，并且接穗遂心很小，可采用这种接法。

插皮接：这种接法是在砧木粗接穗细的情况下使用。如果砧木粗度超过3厘米，用插皮舌接更好。

挖骨接：这种接法是在拉皮切接的基础上发展来的。要求砧木接穗的粗度都在1厘米以上。

以上三种接法，在用嫁接膜绑牢后，均用地膜带，连接口加接穗进行包裹，接穗上芽外露。

(2) 夏季的绿枝芽接

嫁接时间掌握在5月20日至6月初。

绿枝凹芽嵌接：此接法可用作春季嫁接未成活的补接，也可用作野外幼龄核桃树的改良。接穗要当年生1厘米以上的半木质化滑条，不能用果枝。要求接穗上接芽饱满。接穗要随用随在树上剪取。

2~3年树干与树枝的芽接：要求接穗也为当年半木质化的徒长枝，嫁接方法与普通方块芽接相同。

芽接后的管理包括除萌、剪砧、解嫁接膜等。

8. 核桃树冬季怎么管理?

(1) 做好清园工作。将园内杂草、病果、病枝、落叶、干枯枝彻底清除园外，并集中烧毁，以减少病虫种类和寄生地，发芽前全树均匀喷施5波美度石硫合剂。

(2) 做好冬季变化情况记录。如枝条不同时期的伤流量大小记录，以找出最佳修剪时期，减少伤流；核桃树冬季变化情况记录，为来年管理打下基础，核桃树防寒方法效果观察记录，为今后树体防寒提供依据；外界气温变化情况记录，为今后核桃树管理提供依据。

（3）做好防火工作。与外界相交处修一条防火带，减少外界火源；园内杂草彻底清除，减少可燃物。

9. 院子里的核桃树，结果特别多，前 20 天树叶有点发黄（不像以前那么绿），施了些羊粪，没有几天树叶开始变黄落叶，即将长熟的核桃也落了；怀疑是施的羊粪过多，就把羊粪都清理掉了，而且每天大量的浇水，但是好像不管用。请问怎么办？

以下意见供参考：

一是要看羊粪是否腐熟。如果没有腐熟很可能会出现烧根。浇水会有效果，但不可造成土壤含水量过高影响根系呼吸，可撒施松土精进行疏松土壤，来提高土壤通透性。

二是可能引起土壤菌群失调，造成根系病害。可底施益微菌剂或益生元菌肥进行土壤改良。

10. 核桃树叶子不脱落，先变黄后死是怎么回事？

根据咨询者的具体情况，很有可能是缺肥所致。尽快底施复合肥 40 千克/亩，叶面喷施瑞培乐 3 000倍加汽巴二氢钾肥 1 000倍喷施 2 次，7 天一次，连续 2 次，观察恢复情况。

11. 核桃苗嫁接后管理要点有哪些？

（1）除萌、剪砧、解绑。嫁接后 1 周砧木的芽子开始萌发，应将这些实生萌芽全部除掉，保留剪砧时所留叶片进行光合作用，并防直晒芽片，除萌工作做到实生芽不萌发为止。当接芽长到 5 厘米或接芽愈合时进行剪砧，留接芽以上 3 厘米。当接芽长到 15 ~ 20 厘米时（芽片愈合时）解绑。

（2）肥水管理。嫁接后视土壤墒情加强肥水管理，在土壤缺墒不太严重时，嫁接后 2 周不浇水施肥，严重干旱时要浇水。当新梢长到 10 厘米以上时应及时追肥浇水，一般追施尿素每亩 25 千克，追肥后浇水一次。浇水后及时中耕锄草防止水分蒸发过快和杂草为害。7 月份以后每半月喷施一次磷酸二氢钾 300 ~ 500 倍液，促使枝条充实以防苗子徒长，提高越冬能力。

（3）病虫害防治。要及时检查，注意防治。在新梢生长期遭受食叶害虫，要喷药防治，一般采用菊酯类农药。

12. 核桃如何疏果？

对核桃进行科学的疏果，不仅有利于当年树体的发育，有利于节省大量的养分和水分，提高当年的坚果产量和品质，而且有利于新梢的生长，保证翌年的产量，是提高核桃产量和品质的主要技术措施。

疏果时间：可在生理落果以后，一般在雌花受精后 20 ~ 30 天，即当子房发育到 1 ~ 1.5 厘米时进行为宜。

适量留果：留果量应依树势状况和栽培条件而定，一般每平方米树冠投影面积保留 60 ~ 100 个果实为宜。

疏果方法：疏果仅限于坐果率高的早实核桃品种。进行疏果时，先疏除弱树或细弱枝上的幼果，也可连同弱枝一同剪掉。每个花序有 3 个以上幼果时，视结果枝的强弱，可保留 2 ~ 3 个。坐果部位在冠内要分布均匀，郁闭内膛可多疏。

13. 幼龄核桃树如何防寒？

（1）土埋防寒。在冬季土壤封冻前，把幼树轻轻弯倒，使其顶端接触地面，再用土埋好。埋土厚度视当地的气候条件而定，一般为 20 ~ 40 厘米。待第 2 年春季土壤解冻后，及时撤土，将幼树扶直。此法虽费工，但效果好，可有效地防止抽条的发生。

（2）培土防寒。①对粗矮的核桃幼树，若不易弯倒，可在树干周围培土，最好将当年生枝条埋严。较高的幼树不宜使用此法。②树体较高，不能弯倒，可用外套编织袋，袋中间填土的办法防寒。待翌年春季气温回升且稳定后去土，整平树盘。

（3）包塑料布。于初冬，用10厘米宽的塑料布条将枝干缠绕包扎。

（4）筑埂防风。在土壤封冻前，在距树0.3米远的西北侧筑长0.5米、高0.3米的半月形土埂，防止西北风为害。

（5）涂白防寒。对3年生以上的核桃树，在土壤结冻前涂白树干，可缓和枝干阴阳面的温差，防寒效果较好。涂白剂的配方：食盐0.5千克、生石灰6千克、清水15千克，再加入适量的黏着剂、杀虫灭菌剂。

（6）涂聚乙烯醇。上冻前，可用熬制好的聚乙烯醇将核桃苗木主干均匀涂刷。聚乙烯醇的熬制方法：将工业用的聚乙烯醇放入50℃的温水中，水与聚乙烯醇的比例为1：15，边加边搅拌，直至沸腾，等水开后再用小火熬制20~30分钟，凉后涂用。

14. 核桃树雨季如何管理？

（1）巧施肥料。在雨季，核桃苗对肥料的需求量很大，且需要的营养成分也较全，因此应采取“三配合”施肥法施肥，即土杂肥与化肥配合、人畜粪与草木灰配合、鸡鸭粪与牛羊粪配合。采取此法可使核桃树生长快、籽仁饱满。

（2）开沟排涝。核桃树特别不耐涝，应开挖排水沟，特别是在河旁、洼地栽植的核桃树更应开沟，以免积水泡烂树根。开沟要深，斜度要大。

（3）巧灭害虫。核桃树的主要害虫是金龟子、蚂蚱、毛虫等，在单靠喷药不奏效时，可在喷药的同时采取药环灭虫法。即用草绳或布条浸上敌敌畏药液，围扎在离地面20~30厘米的树桩上，在离地面50~60厘米处再围扎一道药环，可有效地阻杀害虫。

15. 核桃如何绿枝嫁接？

核桃绿枝嫁接具有萌芽生长快，结果早，坐果率高等优点，既可用于优质良种苗木的培育，又是大树改接换种、老树复壮的重要途径，其技术要点如下：

嫁接时期：6 月中下旬为核桃绿枝嫁接的最佳时期，接后伤流轻，愈后力强，成活率高达 80% 以上，当年萌枝生长量一般在 40 厘米左右，发育良好。

接穗选择：在品种优良的母枝上采用发育充实，枝条粗壮通直，腋芽饱满，木质化程度适宜的接穗进行嫁接，可提高成活率。接穗以直径 0.7 ~ 1.5 厘米，长 8 ~ 12 厘米为佳；每个接穗上应保留两个饱满的芽。

选择砧木：砧木对核桃绿枝嫁接后的成活率影响较大，山区野生核桃、胡桃、刺槐和低产核桃树等均可作为砧木。另外，砧木的木质化程度应与接穗的木质化一致，才利于嫁接部位的愈合。

嫁接方法：根据砧木的木质化程度及粗细程度确定适宜的嫁接部位进行剪砧，并削平剪口，在砧木中央纵劈一刀，深 2 ~ 3 厘米，选取健壮，腋芽饱满的接穗，保留两个饱满充实的腋芽，剪取 8 ~ 12 厘米长，其中上边一个芽距上切口 1 厘米左右，接穗下端削成长 2 ~ 3 厘米的楔形，削面要平整；再将接穗插入砧木切口并对准形成层，然后用薄塑料条包缠好接口，套上小塑料袋，注意适当遮阳。

接后管理：嫁接后 15 ~ 20 天，接穗即可萌芽，这时把接穗上套的小塑料袋撕开一个口子让新芽露出，待新梢长到 20 厘米时，即可解除包扎物。同时，适当给母树追肥，灌水，加强病虫害防治，定期松土、除草等管理措施均有利嫁接成活。

板栗

1. 板栗播种（用板栗直接种）要求几厘米深度？

板栗播种繁苗有两种用途，一是用作砧木，二是直接供生产栽植。作为砧木用的苗木要求生长健壮，因此，必须用充分成熟、大小整齐、无病虫害和机械损伤的坚果做种子。直接供生产栽植的苗木所用种子，必须从生长健壮、品质优良的母树上进行采集，以确保后代

表现良好。板栗种子成熟后立即播种，即使在适宜的条件下也不能萌发，因为其休眠特性，北方板栗需经过 4～5 个月的低温层积沙藏，在来年的 3 月份土壤化冻后才能进行春播。播种时，对深度要求不是很严格，一般 2～3 厘米，薄覆土即可。播种时种子应平放在湿土中，利于初生根茎的生长。

2. 板栗采后如何管理？

（1）施基肥。采果后，树体“元气”大伤，应及时补施肥料，以使其迅速恢复树势，增加营养物质的积累，提高板栗树越冬的抗寒能力。一般在秋末落叶后施用为好，施基肥方法一般是在树冠枝梢周围用条状沟施、环状沟施、放射沟施等。挖好沟后把肥料施入沟内，10 千克/株，覆土以保持肥效。

（2）进行冬季修剪整形。在修剪整形过程中结合栗园清理，将病虫害枝全部剪掉集中烧毁减少虫源。3 年以下的幼树修剪主要目的是培养树形缓和树势分散养分控制旺长促进枝组的形成。对结果树的修剪要因树制宜以疏剪为主，疏剪与短截相结合，维持树型，协调营养生长和生殖生长的关系。

（3）防虫治病。秋季，针对为害板栗树的主要害虫应适时施药防治。采果后要注意及时清园，剪去枯枝、病虫严重枝，清除脱落在地面上的病虫枝叶，集中烧毁或清埋。另外在冬季还可以对树干进行刷白和剥掉老树皮以便减少害虫的越冬场所。

（4）灌水抗旱。板栗树的根系水平分布广，垂直分布能力弱。果实采收后，树体水分损失很大，加上一般秋、冬干旱较严重，容易使板栗树受旱。因此，采果之后有条件的栗园要及时灌一次透水，以补充树体水分，此后如干旱还需适时灌溉。

3. 北峪 2 号板栗种植 60 天后为什么多分蘖？

板栗种植下去多分蘖原因可能是板栗播种过深或过浅。出苗不整齐，在管理过程中，人踩或农具造成板栗胚芽受伤和再次受伤。解决办法是等枝条生长到 4 叶期，留一强壮主枝即可。

4. 请介绍板栗常用的种植技术

（1）定植地选择。要求园地光照良好，土壤土层深厚，疏松肥沃，土壤为微酸性，通透性好，保水保肥性好的沙土或沙质壤土，地势较高、地下水位较低的阳坡、半阳半阴坡地均可种植。

（2）栽植时期和栽植密度。板栗树的定植期应选在秋季为佳。果园中应配植 2 个以上授粉品种，以利授粉。早期采用密植栽培，株行距为 2 米×3 米，亩栽 111 株，8～10 年后隔株间伐，每亩留下永久树 50～55 株。

（3）土肥水管理技术。苗木定植后的第一年土壤管理主要是中耕除草，5 月下旬、7 月下旬、8 月下旬至 9 月下旬疏松土壤 3 次。板栗属于深根性植物，耐旱以及耐贫瘠能力强，一般只在定植时在穴内浇水，待成活以后根据气候的情况再浇水。板栗树每年在秋季施基肥的基础上生产期追肥 2～3 次。秋施基肥的数量为每株用有机肥 50～60 千克并配以少量的化肥。追肥可分别在萌芽前、花期、果实迅速生长期进行，每株用量为尿素或复合肥 0.5～0.6 千克，或叶面喷施 0.3% 的尿素溶液，花期配合 0.1%～0.2% 的硼肥溶液可提高坐果率，减少空苞。可逐年增加用肥量。

（4）整形修剪。幼树以培养树型为主，一般树型采用自然半圆形，定干高度 1 米左右。整形需 7～8 年即可完成。以后的修剪主要是疏除密生枝、纤弱枝、病虫枝，其余枝条一般不修剪。

（5）病虫害防治。早春翻耕土壤，可消灭多种土壤越冬幼虫，如栗实象甲、剪枝象甲等。栗红蜘蛛、栗瘿蜂、板栗透翅蛾等几种害虫，只要每年 5 月用氧化乐果等涂干一次即可。4～5 月喷 40% 多菌灵或 75% 甲基托布津 1 000～1 500倍液，防治栗炭疽病、芽枯病等。

（6）适时采收。板栗采收以捡拾自然落果为主，随拾随贮。

榛子

榛子秋冬季栽培管理注意哪些事项？

（1）冬剪在落叶后到翌春枝条萌发前进行，以 2～3 月份为宜。幼树修剪总的原则是以培养骨干枝、形成合理的骨架为主。轻剪适当短截，促枝扩冠，增加枝组的数量，扩大树冠，培育树形，以增加开花量，提高产量。

（2）注意越冬防寒，对幼树进行培土或捆绑稻草等物。

（3）落叶后上冻前 10～11 月，要浇封冻水，防止冬季干旱和土壤水分蒸发，提高苗木的抗寒能力和吸水性。当年定植的 1 年生榛子苗，冬灌后，应及时对苗木基部培土，高度约 20 厘米。

（4）秋施农家肥，主要指人粪尿、鸡粪、羊粪等农家肥，在 10～11 月份，结合冬灌进行，就树龄确定施肥量，一般每株施肥 20～25 千克，结果期树要增加施肥量。

（5）整理果园。距树干基部里浅外深，将盘内根蘖和杂草全部除掉，促进根系向土壤伸展。

（七）草莓、西瓜

草莓

1. 怎样预防大棚草莓早蕾？

大棚草莓发生早蕾、早花现象与以下因素有关：①与品种特性有关。花芽容易分化，休眠期所需低温量较少，容易出现早蕾现象；②与肥料、假植影响引起花芽过早分化有关。在育苗至花芽分化前，如吸收氮素较少，草莓花芽分化往往提早发生；③与管理不当有关。大棚覆盖栽培扣棚过早，温度回升过快，放风不及时等，会造成草莓早蕾、早花。

为防止草莓早蕾、早花，应做到以下几点：①选择合适的品种。

大棚栽培应选择休眠较浅的品种，保温覆膜不宜过早；②在育苗过程中，合理施肥，加强管理，培育壮苗。通过去老叶，去花序，理顺匍匐茎，喷施赤霉素等措施，加强对母株的管理，生产出优质壮苗；③扣棚后注意控制温度。棚内温度白天控制在30℃以下，夜间控制在8～12℃。

对已经发生早蕾、早花的植株，应及时摘除花蕾，加强肥水管理，促进腋芽开花结果，减少损失。

2. 11月中下旬以后日光温室草莓种植需要进行哪些管理？

从11月中下旬开始，日光温室草莓陆续进入花期，主要需进行以下几方面的管理：

（1）花前，温室内放入蜜蜂，进行辅助授粉，放入蜜蜂前1周不要用药；刚放入蜜蜂时，由于花量较少，可用50%蔗糖水或花粉等饲喂蜜蜂。

（2）花期注意控制温室内的湿度在40%～50%，不可过大或过小，否则不利散粉和授粉，也不利病害控制。

（3）注意控制病虫害，花期尽量少用药，必须用药时，将蜂箱提前挪出，3天后放回。尽量采用熏蒸药剂。

（4）疏除多余花蕾，节省养分。

3. 如何在生长过程中提高草莓的硬度？

（1）合理的肥水管理。在草莓植株生长发育过程中，过高的N肥和过度浇水都会降低果实硬度，而多施有机肥、合理施用化肥，适度灌溉都有助于提高硬度。

（2）喷钙。有研究表明幼果期喷施Ca^{2+}能增加果实硬度，提高耐贮性。一般在花后一周，每隔3天喷一次0.1%～0.3% $CaCl_2$ 或0.1% $Ca(NO_3)_2$，连喷3次，需要注意的是，有报道称喷钙可能会影响产量和品质，因此，在大面积应用前应该小范围试用，避免造成不必要的损失。

4. 想了解一下无土栽培温室草莓的种植技术?

草莓日光温室无土栽培包括营养液栽培和基质栽培，营养液栽培需要特定栽培装置、水循环设备、营养液检测设备等，管理要求也相对较高，目前生产中应用较多的是基质栽培，基质栽培又包括平面栽培和立体栽培，其中平面栽培技术相对成熟一些，下面就主要介绍平面基质栽培技术。

草莓平面基质栽培有以下优点：首先，草莓平面基质栽培，有利于解决草莓生产中的重茬问题，减少土传病虫害；其次，果实洁净卫生，方便管理、采摘，观光效果好，适用于都市休闲农业。

草莓日光温室无土栽培技术主要包括以下几个方面。

（1）选择栽培形式

草莓基质栽培多采用槽式，可以用泡沫塑料、砖、水泥板等做成栽培槽，深40厘米、宽40厘米、间距40厘米，长度视棚跨度而定，内铺薄膜，放入基质。

（2）选择合适品种

品种的选择标准除了休眠浅、适合日光温室栽培外，还要求果实品质好、适宜观光采摘。目前，应用较多的品种主要有章姬、红颜、甜查理、天香、丰香等。

（3）配制栽培基质

对栽培基质总的要求是壳重轻、孔隙度较大，以便增加水分和空气含量，目前生产中应用效果好的基质包括草炭、蛭石、珍珠岩、沙子、锯末、菇渣、秸秆、椰糠等，一般是几种基质按一定比例混合成混配基质。国内常用的混合基质配比有：①2∶1的草炭、蛭石；②3∶1的草炭、沙子或珍珠岩；③1∶1的草炭、锯末；④4∶6的草炭、炉渣等。基质中需加入底肥，配方举例如下：每立方米基质（6∶1∶1的草炭、蛭石、珍珠岩）中加入3千克生石灰、1千克过磷酸钙、1.5千克三元复合肥（15∶15∶15）、10千克腐熟干鸡粪、0.5千克乙二胺四乙酸铁和0.5千克微量元素。经济条件许可，也可以购买专用基质。基质混合均匀后即可装入栽培容器内，定植前最好洇水处理。

（4）植株定植

选择健壮种苗定植，选苗的标准是：根系发达，叶柄粗短，长15厘米左右，粗0.3厘米左右，成龄叶片4片以上，新茎粗1～1.5厘米，苗重20克以上。北京地区在8月下旬至9月初栽植，株距15～20厘米。栽后注意遮阳、浇水，以提高成活率。

（5）生长季管理

温度管理：北方地区10月中下旬进行扣棚保温，随后铺设地膜，具体同土壤栽培。扣棚后，白天温度控制在28～30℃，超过30℃时应及时放风，夜间温度控制在12～15℃；现蕾期白天25～28℃，夜间10～12℃；开花期白天保持在23～25℃，夜间8～10℃；果实膨大期白天20～25℃，夜间6～8℃为宜；采果期白天温度20～23℃，夜间5～7℃。

湿度管理：扣棚后，日光温室内的湿度一般较室外的湿度大。对湿度的控制应保持在40%～50%，不能超过80%，在开花期，湿度应保持在40%～50%范围内，这样有利于花粉散出和花粉发芽。除了通过滴灌来降低温室内湿度外，还要特别重视勤通风换气。

水肥管理：在生长季，追肥浇水要遵循“少量多次”的原则。为了控制湿度减少病害，适宜采用滴灌的方式浇水，每隔5～7天灌溉1次。基质栽培中，应注意根据植株生长状况，适时追肥，可以适当增加追肥次数，定植成活后，每2周追1次肥，显蕾后每10天追1次肥，以液态肥为主，可以结合滴灌浇水进行追施。

植株管理：为减少植株养分消耗，抽生的匍匐茎、萌发的过多腋芽要及时去除；老叶、黄叶、病叶不仅消耗养分，还容易引发病害，应定期摘掉；疏花疏果有助于增大果个、提高品质，一般每个花序留6～8个果为宜。

辅助授粉：花期可结合人工授粉或放蜂来提高坐果率，减少畸形果的发生。大棚内蜜蜂的密度，一般以一只蜜蜂一株草莓的比例放

养，蜂箱最好在草莓开花前 3～5 天放入棚内。

病虫害防治：常见的病虫害有白粉病、灰霉病、炭疽病、根腐病、蚜虫等。在防治中，应贯彻“预防为主，综合防治”的植保方针，以农业防治为基础，提倡进行生物防治、生态防治和物理防治，按照病虫害发生规律，科学使用化学药剂防治。

（6）基质消毒

栽培基质在使用后至下次使用前需进行消毒处理，以减少病虫害和重茬问题。利用太阳能进行基质消毒是近年来应用较普遍的一种廉价、安全、简单实用的消毒方法，在 7～8 月高温时期进行。具体方法是：将基质起出，每 100 立方米掺入 1 000千克有机肥，40 千克石灰氮，混匀后堆成堆，灌透水，使含水量在 80% 以上，再用塑料膜覆盖，密闭暴晒一个月。

5. 草莓长匍匐茎多怎么控制？

在大棚内需要掐除。如果植株生长过旺，还需要适当控肥控水；如果植株正常健壮，尽早摘除即可。

6. 气温 16～25℃大棚草莓花芽分化能否覆盖地膜？

北方日光温室覆地膜是温室上棚膜后 1 周进行，约 10 月底 11 月初，此时尚未抽生花序；南方大棚定植是在 9 月中旬至 10 月初，扣棚膜在平均气温降至 17℃时进行，约 11 月上旬，草莓定植 40 天后覆盖地膜。保温早，会影响腋花芽分化。

7. 大棚草莓打细胞分裂素会推迟花芽分化吗？

植物激素对花芽分化的影响机制非常复杂，在不同树种、同一树种的不同品种间可能存在不同、甚至是相反的影响。细胞分裂素促进花芽分化在柑橘、龙眼等水果上有应用，多在花芽分化期。但草莓上目前没有相关应用资料，建议做小面积试验看看效果，有没有不良影响。

8. 草莓如何增甜?

（1）增施有机肥。有机肥含有氮、磷、钾、钙、镁、硫等多种草莓必需的微量元素，这是化肥无法满足的。但有机肥须充分腐熟，否则会对作物产生很多不利影响。最好用金宝贝发酵剂处理，它含有丝状菌、酵母菌、放线菌等多种天然有益微生物，可以在几天内将有机肥迅速有效的发酵。

（2）磷钾肥配合施用。草莓缺磷时，植株生长发育不良，叶、花、果变小；草莓缺钾颜色浅味道差。给草莓增施适量的磷钾硼肥，可起到明显的增甜增产作用。

9. 拱棚草莓如何管理才能高产?

（1）整地施肥：草莓园应选择地势平坦，排灌方便，光照条件好，土壤肥沃疏松，有机质含量高的弱酸性或中性土壤。每亩施优质有机肥 4 000千克作基肥，施肥后宜全层耕翻，深度 30 ~40 厘米，使土肥混匀。前茬以豆类、瓜类等作物为好。

（2）拱棚结构：拱棚可用直径为 1. 5 ~3 厘米的细竹竿或直径为 6 ~8 毫米钢筋弯成拱形棚架，外覆薄膜，跨度为 2 ~3 米，长 20 米左右。

（3）品种选择：①果形好、果粒大、口感好、色泽鲜艳、早熟抗病。②自然休眠较深或中间类型。同一棚内种植 2 个以上的品种有利于开花授粉。

（4）定植时期和方法：定植时期可同于露地栽培，一般在花芽分化前定植，可在 10 月中下旬选育壮苗，进行高垄定植，垄基宽 110 厘米、顶宽 75 厘米、高 30 厘米。每垄 2 行，株距 15 厘米，行距 35 厘米。

（5）扣棚后管理：当早春气温升至 5℃时，应先覆地膜后扣棚。一般在翌年 1 月上旬末覆盖地膜，2 月上中旬加扣小拱棚。2 月份棚内温度保持在 15 ~20℃；3 月份在 20 ~25℃；4 月中旬左右揭去

薄膜。

在草莓花蕾期和初花期进行 2 次追肥，每次每亩用尿素 15～20 千克，并用 0.2% 磷酸二氢钾根外追肥 2 次，同时进行中耕、除草等常规管理。

10. “甜查理”品种侧芽多，是否要摘除？

一般选留健壮、方位好的 2～3 个侧芽，多余的需要及时摘除。

11. 草莓采收后怎样过盛夏？

（1）消除杂草。杂草与草莓争肥争水，影响草莓正常生长，降低草莓抗旱抗病能力，必须见草就拔。拔草时注意不要松动草莓根系，以免造成种苗死亡，在拔草时，可摘除草莓枯叶和黄叶，以减少养分和水分消耗，有利通风透光。

（2）中耕培土。草莓的新根部位具有逐年上移的特点，应注意基部培土，主要在采果后至新根大量发生前及时进行。培土厚度以露出苗心为宜。中耕可结合追肥培土进行，根系旺盛生长前中耕要适当加深。

（3）定向压蔓。草莓采果后的夏秋生长期间，匍匐茎会陆续产生 3～5 次子苗，如不繁殖新苗，则应及时除掉，以免消耗母体营养，降低来年的产量。用于繁殖种苗的草莓苗圃，为了苗能长成壮苗，在发苗期间要及时将匍匐茎定向理顺，摆放均匀。发出的新根用泥土压梢，促生新根。

（4）灌水保湿、遮阳降温。草莓根系浅，抗旱能力弱，叶面积大，蒸发较旺盛，如不保持土壤湿润，易引起茎叶枯萎死亡。可在夜间进行沟灌，待水渗透苗地后停灌，并排除积水。最好在畦外搭建 1 米高的遮阳棚，顶上盖些柴草，也可以在畦边种些高秆作物，用来遮阳避暑。

12. 怎样使草莓多结二次果?

(1) 追肥浇水。采果后期，每亩追撒可富复合肥 15 千克、磷酸二氢钾 1 千克。先把撒可富压碎，然后把二种肥加水稀释，扎眼灌入根部土中，随后浇水。果实膨大期还要追肥浇水 1 ~ 2 次，此期干旱时，要注意浇水补墒。

(2) 遮阳降温。从开花到果实膨大期，控制棚温，白天 22 ~ 25℃，夜间 8℃左右。收获期白天不超过 25℃，夜间 5 ~ 7℃。草莓第二次结果期，气温已开始升高，可采取加大风口和勤通风措施。

(3) 掰叶除茎。生长后期，当植株下部叶片呈水平着生，并开始变黄，叶的基部也开始变色时，应及时从叶柄基部掰掉。病残叶也应及时摘除。还要把植株上生长弱的侧芽及时疏去。匍匐茎消耗母株营养，要随时摘除。

(4) 防病治虫。可用 1 000倍甲氧乙氯汞液灌根防治根癌病，用 50% 敌菌丹 600 倍液喷雾防治芽枯病，用 50% 百菌清 600 倍液喷雾或夜间点燃速克灵烟雾剂熏棚防治灰霉病，用 70% 代森锰锌 500 倍液喷雾防治叶枯病，用 80% 代森锌 600 倍液或 50% 百菌清 600 倍液喷雾防治叶斑病，用 70% 甲基托布津 1 000倍液、25% 粉锈宁可湿性粉剂 3 000倍液或 40% 多硫悬浮剂 500 ~ 600 倍液喷雾防治白粉病。

13. 怎样提高大棚草莓品质?

(1) 品种选择：选择品种需考虑休眠期短，易打破休眠，形成花芽容易，并且花期对低温抗性较强，抗病、早熟、丰产优质等方面，目前适合大棚栽培的品种有章姬、红颜、卡姆罗莎、甜查理、枥乙女、丰香、明宝、幸香等。

(2) 增强光照：光照不仅直接影响植株的光合作用，还间接影响果实着色。如果在开花前后光照不足，就会影响花粉内淀粉的积累，使花粉萌发时能量不够，导致发芽率降低，进而影响受粉，产生畸形果。因此，盖棚时要选用透光率好的长寿无滴膜，要经常扫净膜上灰尘，在棚内墙上挂 2 米高的镜面反射膜。这样，不但能增加光的利用率，而且能提高棚温 2～3℃。此外，采取早揭草苫和晚扣草苫，铺设银灰色反光地膜，及时摘除遮光的老叶等措施，均可增强光照。

（3）覆盖地膜：覆盖地膜的最大好处是降低空气湿度，减少病虫为害，可有效地使果实不接触地面，避免产生软果，而且果面干净。最好用滴灌的方法浇水，开花结果期不能大水漫灌，此时棚内湿度在 75%左右为宜，湿度过大会造成花粉不易散出，影响正常受粉，增加畸形果的产生。因此，要适时通风排湿，但温度要保持在 20～25℃，以利于花粉发芽。开花结果期可叶面喷施 0.5%磷酸二氢钾或 0.2%硼砂 +0.4%磷酸二氢钾 +0.5%白糖溶液，以提高果实品质。

（4）辅助授粉：开花期可在棚内放养一箱蜂，以利于授粉，但要控制好温度，使蜜蜂能够正常活动。也可以人工辅助授粉。

（5）合理喷药：草莓开花期间喷施农药，容易诱发植株产生畸形果，同时会影响蜜蜂的授粉。因此，在开花放蜂前尽量不要用敌百虫、代森锰锌可湿性粉剂等喷后易使植株产生畸形果的药剂。喷药前把蜂箱移出棚外，喷药后 1 周左右再移回棚内。

14. 地膜草莓如何破膜引苗？

在地膜草莓栽培中，破膜引苗的时间和质量，直接影响草莓的生产和产量。因此，如何破膜引苗成为地膜草莓春季管理的重点。

（1）清除膜上覆盖物。当春季土壤开化时，除去地膜上防寒用的稻草、玉米秸等覆盖物，将地膜表面清扫干净，以利透光提温，改善膜内小气候。

（2）掌握破膜时间。随着春季气温升高，越冬休眠的草莓逐渐恢复生长，新叶展开。破膜时间一般在草莓新叶展开到现蕾期，膜下温度不高于 30℃时，破膜较好。破膜过早，草莓叶片较嫩，外界气温又低，容易使草莓受寒受冻；破膜过晚，膜下温度过高，容易灼伤新叶，也易使老叶干枯。

（3）破膜引苗方法。在草莓植株的正上方用刀片划一小孔，把草莓植株用手保护好，轻轻地将它提出膜外，然后用土把草莓周围的地膜盖严，防止空气沿破口进入，使膜内形成鼓包，遇风掀起。

15. 草莓露地育苗期怎样使用赤霉素?

母株作为繁殖苗时，在草莓生长前期喷施 1～2 次浓度为 30～50 毫克/升的赤霉素溶液，可明显增加匍匐茎的发生量和提高匍匐茎的质量。喷施时期为母株幼苗展开 3～4 片新叶时，5 月末至 6 月份。药液要喷在草莓心叶部位，每株用量 5 毫升。赤霉素对四季品种及抽生匍匐茎较弱的品种如达娜、森嘎垃、长虹 2 号等效果更显著。但对未进行足够低温处理，仍处在自然休眠状态的植株，喷布赤霉素不会起到促发匍匐茎的效果。赤霉素的使用应与及时摘除花序等田间管理相结合，以增加药效。

16. 怎样栽植草莓?

（1）整地做垄。平整土地，每亩施入腐熟的优质农家肥 5 000千克和氮磷钾复合肥 50 千克，采用南北向深沟高垄，垄面宽 40～50 厘米，垄沟宽 40 厘米，沟深 20～40 厘米，垄面要平整。

（2）种苗选择。适合大棚栽培的品种有红颜、章姬、枥乙女、甜查理、丰香、卡姆罗莎等。为改进授粉条件，除主栽品种外，每棚可搭配 1～2 个授粉品种。选苗的标准是：根系发达，叶柄粗短，长 15 厘米左右，粗 0. 3 厘米左右，成龄叶片 4 片以上，新茎粗 1～1. 5 厘米，苗重 20 克以上，无病虫害。

（3）适时移栽。通常在 9 月上中旬进行移栽。

（4）精心起运。移栽最好在阴雨天，随起随运随栽。起运之前，要控制肥水，适时晾苗。若需外运，装前应摘去部分衰老叶或留下 7～10 厘米长的叶柄，装进用水浸过的蒲包中。运到后要用水冲洗，尽快栽植。

（5）栽植规格。每垄栽两行，株行距 15～20 厘米，“之”字形种植，每亩栽 8 000～10 000 株。定植时埋土至植株根茎部，做到

“浅不露根，深不埋心”，还应注意把草莓的弓背朝向高畦面的两侧，将来花序抽向畦两侧，可使果实减少病虫害。栽植前可用 5×10^{-6} ~ 10×10^{-6}的萘乙酸溶液浸根 2 ~6 小时。

（6）栽后管理。选择阴雨天或晴天傍晚栽植，栽植后 2 ~3 天每天早晚各浇水 1 ~2 次，以后改为每 2 ~3 天浇水 1 次。晴天移栽的要人工遮阳，7 ~8 天去掉遮阳网，缓苗后及时浇水，每亩施尿素 7.5 千克，促幼苗正常生长。入冬前应浇 1 次透水。

西瓜

1. 小西瓜日光温室第二茬瓜如何留果及管理？

以下两种方法供参考：

（1）第一茬瓜坐果后，根部再生长出的侧枝不再打，要留下，第一茬瓜收获后的老枝可剪掉，根部出现的新枝留 2 ~3 条，然后进行施肥浇水，10 ~15 天就可进行授粉，授粉 25 天后就可采收二茬瓜。

（2）第一茬瓜定个后，再出现的侧枝可以留下，不再打掉，以后侧枝出现的雌花进行授粉，每株可以留果 4 ~5 个。一般这种留果方法要依据植株长势情况，长势旺，不早衰，就可以采取这种留二茬瓜的方式。如生长势弱，就采取第一种方式。

2. 西瓜苗长势较弱，会不会影响以后结瓜？

西瓜弱苗会影响定植后缓苗。缓苗慢，影响西瓜生长速度。上市期要晚几天，不会影响西瓜果型。

3. 刚栽植的西瓜苗温度应该保持多少度？

白天保持 30 ~35℃，夜间保持在 20℃左右。

4. 西瓜下午能授粉吗？

晴天的下午不能授粉，阴天的下午可以授粉。但是以上午授粉为宜。

5. 西瓜开裂是怎么回事？

如果仅是开裂，一般是水分供给不均衡。有可能因前期较旱，后期水分过大，包括浇水不当，或雨水过多等。此外，成熟过度，也可能引起开裂。有的时候，伤口也会促进西瓜的开裂。

6. 如何预防西瓜畸形空洞？

西瓜发生畸形果，一是因为植株长势弱；二是因为授粉不良；三是低温时段所开的畸形花；四是前期旺长后劲不足；五是缺钾；六是低节位的雌花所结的果。发生空洞则有以下原因：果实成熟期灌水过多、坐果留节过低、果实内部养分分配不够均衡。

提高西瓜品质，应采取以下措施：一是增施有机肥，也可直接配施磷、钾、钙肥，切忌偏施氮肥，同时注意以水调肥，合理灌水；二是推广地膜覆盖，创造保温环境，确保结果及膨大期有足够的积温；三是控制坐果部位，选留主蔓上第 2 朵、第 3 朵雌花所结的果实；四是人工辅助授粉，选准主茎上第 2 朵、第 3 朵发育良好的雌花授粉，每朵雄花可授 1 ~2 朵雌花，同时要及时摘除畸形幼小果实。

7. 现在西瓜嫁接技术很多，不知哪一种较好？

采用靠接的方法相对较好。靠接是将西瓜苗和瓠瓜苗的幼茎对应处互相削成斜口而嵌入的接法。采用靠接法嫁接，西瓜籽要提前播种 6 ~7 天。西瓜和瓠瓜可分别播在育苗床（盘）内，靠接前把两种苗同时拔出洗净，放在浅盘内，先在瓠瓜苗子叶下 1 ~1. 5 厘米幼茎处，用刀片向下斜削一刀，深约幼茎的一半，而在西瓜苗子叶下 1 ~1. 5 厘米处，向上斜削一刀，深是幼茎的 1/2 ~2/3，然后将西瓜苗幼茎的舌型片插入砧木瓠瓜幼茎的斜口中，用嫁接夹在两幼茎背面夹住，将两苗同时栽入育苗碗内。也可把作砧木的瓠瓜籽直播在育苗碗内，在嫁接时不拔出，接后只把西瓜苗根埋入土中就行，这样能提高成活率。此方法宜掌握，成活率高，田间管理方便。

8. 西瓜如何授粉？

选准雌花：要求雌花的花柄粗壮，子房肥大，无畸形，发育良好，颜色嫩绿。

授粉时间：晴天一般在上午7～10时为最佳授粉时间。阴雨天开花较晚，可在8～11时授粉。

授粉方法：花花授粉法，即将当天开放并散粉的雄花摘下（注意不要摇掉花粉），然后将雄花雄蕊对准雌花柱头轻点几下，使柱头上有黄色的花粉即可。一般一朵雄花可给3朵雌花授粉。蘸花授粉法，即将当日开放的雄花花粉集中到一个干燥清洁的容器中，然后用新买的软毛笔蘸粉涂抹到雌花的柱头上。

防雨护花：如授粉时恰遇阴雨天气，应在雌花开放前做好防雨纸罩套在雌花上防雨，并将次日将开的雄花采回放在室内干燥处，待雄花正常开放散粉时带到田间，取下雌花纸罩授粉，授粉后再给雌花套上纸罩，防止授粉失效。

（八）其他（柿子、枣、杏、李子、石榴、猕猴桃、蓝莓、火龙果）

柿子

1. 柿子树落果怎么解决？

一般柿树的落果原因有两种：一是由于柿树本身的生理失调所引起的生理落果；二是因炭疽病或柿蒂虫等病虫害造成的落果。

生理落果多在落花后至7月中旬发生，以麦收前后落果最为严重，约占全年落果总数的80%，个别品种在8～9月份还会出现一次落果。发生生理落果的主要原因：一是花芽分化不完全；二是授粉不良，有些品种不需授粉，如大磨盘，而有些品种，尤其是日本的大部分甜柿品种必须配置授粉树，否则果实不能发育，早期落果严重；三是天气原因，花期阴雨影响授粉，容易落果；四是树体结构不合理，通风透光不良，造成树条生长细弱，容易脱落；五是肥水不足，土壤长期干旱贫瘠，造成落果多；六是土壤水分过多，根的吸收能力下降，有时也会因为养分供应不足而落果。

柿蒂虫一般在麦收前后蛀果为害，第一代被害果不易脱落，会一直挂在树上，幼虫在其中化蛹并继续进行第二代为害；第二代受害的果实，颜色由黄绿色变成橘红色，由硬变软时容易脱落。炭疽病在生长后期发生，一般在9月份大量发病，引起落果。

防止柿树落果措施包括：配置授粉树品种（对于须配置授粉树的品种）。花期对强壮树的主干或主枝进行环割，宽度不要超过0.5厘米。为安全起见，最好留下安全带或采用螺旋形环割，以利于愈合；另外，在环割后要加强肥水供应。适当修剪，尤其要加强夏季修剪，去除无用的和多余的枝条，促进通风透光。防治病虫害，加强肥水管理，增强树势。花期或幼果期喷6 000倍液的天然芸苔素——硕丰481，对防止落果效果很好。每年在秋季和春季追肥一次，根据树龄每亩用免耕肥（硫型）100千克、土杂肥2 500千克。

2. 柿树秋冬季如何管理？

（1）拉枝修剪。秋季拉枝最好的时间是9月份，主要对象是主枝和辅养枝，基部主枝开张角度应在90°左右，小于70°向下拉，大于70°向上拉，方位不适当向左或向右拉。柿树冬剪有利于幼树早期结果，成年树高产稳产，衰老树更新复壮。冬剪时间，一般在落叶后到翌春萌芽前进行，根据土地、树势、病虫害的不同，酌情修剪。如果发现柿角斑病、柿蒂虫为害严重的，树势衰弱的，要重修剪；反之要轻修剪。

（2）肥水管理。秋施基肥的适宜时间为9月中下旬至10月上旬，此时微生物活动旺盛，有机物分解快，利于根系吸收。肥料以有机肥为主，并配以氮磷钾等速效肥料。施后立即浇水。在无水浇灌的山地可向树窝积雪，放冰块，增加土壤水分供柿树需水。

（3）病虫害防治。柿树的病虫种类多，秋冬季节清洁柿树园是有效的防治时期。秋冬季要彻底清除病果、柿蒂、枯枝及落叶，可将角斑病、圆斑病、炭疽病等病虫越冬场所除掉，减少翌年为害。柿蒂虫、草履介壳虫等害虫，在冬季需刮除树干、大枝上的老粗翘皮、摘除挂在柿树上的虫果并集中销毁，并结合翻地修埝消灭越冬虫卵，减少病虫基数，另外刮皮后树干需要涂白才可以消灭。

3. 秋季柿树如何施肥？

柿树耐旱、耐瘠薄，适应性强，一年栽植可多年受益，但大多栽植在水土流失严重的山丘区，土质较差，肥力低下。因此，只有合理施肥，修整梯田，加厚活土层，才能促进柿树生长。

柿树的施肥以多次少施为主，对钾肥需求量较大，需磷少，8 月下旬应注意多施钾肥。秋施基肥（9 月中旬）以有机肥为主，大树每株 350 ~500 千克，并在其中加入氮、磷、钾等速效肥，每株复合肥 2 ~3 千克。施肥方法，幼树为轮状施肥，大树为结合翻地沟状施肥，沟深 30 厘米左右。在 8 月下旬喷施 0.5% 尿素一次，可减少落果。

4. 柿树用什么嫁接法成活率高？如何进行嫁接？

柿树富含单宁物质，严重影响嫁接成活率。柿树嫁接要求技术性高，难度大，一直为嫁接果树的一大难题。环剥式嫁接法嫁接成活率较高，而且嫁接时间从柿树出芽至落叶整个生长季节均可，相关方法如下，供参考：

（1）环剥砧木。砧木直径 0.5 ~20 厘米，细砧木为半木质化或木质化，粗砧木只要表皮新鲜能环剥即可。先用锋利的嫁接刀把砧木在合适嫁接部位进行环剥，宽度为 0.8 ~1.5 厘米，取下外皮。

（2）取嫁接芽。用同样环剥的办法取下嫁接芽。宽度要小于砧木环剥宽度，若超过砧木环剥宽度，用刀再切窄些。再用刀纵切嫁接芽环剥皮，取下嫁接芽。注意取环剥皮时不要碰伤嫁接芽。

（3）嫁接。嫁接芽的环剥皮敷在砧木嫁接口内。砧木太细时，用刀纵切嫁接芽的环剥皮，由粗圈变细圈；若砧木太粗，只要把嫁接芽的环剥皮紧敷在砧木环剥口内即可。砧木环剥口露白多少与成活率没有关系，但应注意不要倒置环剥芽。

（4）绑塑料条。用塑料条绑严、绑牢即可（可露芽，不露芽也可）。注意要用新塑料条，塑膜条也可以，但不能用二次利用的塑料条。

（5）嫁接后管理。嫁接后，若砧木是半木质化的小苗或枝条应短截的，留二三片叶，并绑支棍进行保护，以防风刮折。7 月份以前嫁接的，当年即可萌芽，要注意及时解绑。8 月以后嫁接的当年不会萌芽，注意第 2 年进行接后管理。

枣

1. 大枣一红就裂口，怎么处理？

红枣开裂常见原因是在幼果期干旱，细胞分裂受抑制，果皮可塑性差，加之果实在近成熟时，高温多雨，果皮与果肉膨胀不均引起。高温、高湿、多雨是枣裂果发生的必要条件。因品种间果皮厚薄等差异较大，其对裂果的抗性差异也较大，一般果皮厚的抗裂，果皮薄的不抗裂。

防治方法有：①合理修剪，改善树体的通风透光条件。②从 8 月上中旬开始喷施生石灰 100 倍液，加少许平平加（表面活性剂）和硼砂 5 000倍，每隔 10 ~ 15 天喷施 1 次，连喷 2 ~ 3 次，即可有效减轻该病的发生。注意，若此时期持续干旱少雨，则不喷或少喷，否则易发生药害。③含钙药物如波尔多液，也可减轻该病的发生。④在果实发育期，特别是发育初期（细胞分裂期）适当浇水，可减轻裂果的发生。

2. 如何防治枣树落花？

（1）花期三喷。在盛花期即 60% 的花开放时，选择晴朗无风的上午 10 时前或傍晚，向枣花均匀喷洒清水，每隔 2 ~ 3 天进行一次，连喷2~3次，可提高坐果率40%左右。

（2）合理剪枝。枣树剪枝，主要以疏为主，截、缩结合。疏通密枝，去掉交叉枝，剪去下垂枝，压缩过高枝，壮树轻回缩，弱树重回缩，老树适当去老枝，幼树围绕整形来剪枝。

（3）适时开甲。开甲就是环状剥皮。应在枣树花开1/3时进行，在距地面三四十厘米处开甲，以开口宽0.5~0.7厘米为宜，深度达木质部，但不能伤木质部形成层。

（4）施肥浇水。枣树在初花期和末花期是需要水肥的时期。一般每棵成年树在初花期喷15千克饼肥和1千克碳酸氢铵或50千克人粪尿，在末花期施1千克尿素或1千克复合肥。

3. 枣树花期浇水易顶花吗？花期浇水会得黄叶病吗？

（1）花期遇到干旱天气必须浇水，有不少枣农认为花期浇水易顶花，会得黄叶病，其实这种说法毫无道理。枣树开花结果不但需要温度，而且需要一定的湿度，花期浇水能增大花盘，能促使花粉粒发芽，温度、湿度都适宜的话，枣树不但坐果多，而且所坐的枣周正，利于长大果和抗生理落果。至于说花期浇水顶花是因为浇水迟了，要是天气干旱在盛花期浇水的话，那时前期的花已经蔫了，中期的花又快败了，此时浇水由于树体水分的猛增，那些本来就坐不住的果、要落的花很快就落掉了，有浇水顶花这种说法也就不足为奇了。

（2）花期浇水会得黄叶病，这种说法也没科学道理。枣树开花坐果期是枣树整个生长过程中消耗养分最多的时候，此时树叶略黄属正常现象。有些枣园偏施化肥，忽视了枣树对有机肥和微量元素的需求，又不勤耕土地，造成土壤板结，根系呼吸困难，需要的养分不是供不上，就是无养分可供，才造成了树叶发黄。如果重视有机肥的施用和微量元素的搭配，啥时浇水树叶都不会发黄。

4. 夏季如何修剪枣树？

夏季修剪枣树，可控制枣树的生长发育，减少养分消耗，复壮树势，扩大结果面积。夏剪枣树，一般可在新枣头长到 30 厘米以上时分期进行。具体方法如下。

疏枝：疏除膛内过密的多年生枝和骨干枝上萌生的新枣头。凡位置不当、不计划留作更新枝用的，都要尽早疏除。

摘心：就是剪掉枣头顶端的芽。一般摘掉幼嫩部分 10 厘米左右，摘心部位以下，保留 4～6 个二次枝。对幼树中心枝和主、侧枝摘心，能促进萌发新枝；对弱枝、水平枝、二次枝上的枣头轻摘心，能促进生长充实；对强旺枝、延长枝、更新枝的枣头重摘心，能集中养分，促进二次枝发育，增加枣股数量，提高坐果率。

整枝：对偏冠树缺枝或有空间的，可将膛内枝和徒长枝拉出来，填补空间，以调整偏冠，扩大结果部位。对整形期间的幼树，可用木棍支撑、捆绑，也可用绳索坠、拉，使第一层主枝开张角度保持在 60°左右。

抹芽：将主干和骨干枝上萌生的无用嫩芽抹去，以节省养分。

缓放：对留作主枝及侧枝的延长枝及主果枝，当年枣头不做处理，使其继续生长，扩大树冠，增加结果面积。

除蘖：对根部滋生的根蘖，如不打算留作种苗的，要及早铲除，减少养分的消耗。

5. 枣树的管理要点有哪些？

（1）夏剪。枣树夏剪应以疏枝为主，并疏枝与短截相结合，一般在 6 月上中旬枣头生长缓慢时进行。应掌握以下原则：“延长骨干枝，短截衰弱枝，培养健壮枝，利用徒长枝”。

（2）防病。枣锈病是枣树的一种主要病害。发病严重时，引起早期大量落叶，削弱树势，降低产量甚至绝收。防治方法：①合理种植，适当修剪；雨季及时排水，防止潮湿；冬季清除落叶，以减少病源。②8 月上、中旬，可喷 1∶2∶200 倍波尔多液或波美 0.3 度石硫合剂 1～2 次，或用 20% 粉锈宁 1 000～1 500倍液、50% 多菌灵 600～800 倍液，每隔 10～15 天喷一次，连喷 3～4 次即可控制此病发生。

(3) 防裂。枣有些品种成熟期遇雨常会发生不同程度的裂果。防止裂果可用树下覆盖地膜或及时灌水的方法。树下覆膜效果十分明显，应在8月上旬雨季结束前进行。灌水防旱，要求果实白熟期间，地表20厘米的土层含水量稳定在14%以上。

6. 冬枣不开花不结果怎么解决?

一般冬枣不开花不结果的解决方法是加强修剪，控制徒长，促进花芽形成。

7. 枣树什么时候移栽成活率高?

枣树春秋均可栽植，但以春季栽植为主。枣树苗多是从老树侧根上生长出来的，故而其须根稀少，因此，枣树移栽不易成活。而且人们习惯同其他树木同期栽种，实质上枣树栽种宜晚不宜早，应比一般的树木晚栽1~2月。枣树芽期移栽易成活，因为枣树生根、发芽要求的温度较高，若春季过早栽植，树干会失水过多根系难以补充，影响成活。而芽期移栽时枣树液已开始流动，树体开始生长，受伤根系容易恢复再生，地下部营养及时运输到地上部，易于成活。移栽时应注意以下几点。

①枣芽露出1厘米移栽最为适宜。

②移栽前五天将枣苗浇水一次。

③移栽的枣苗要健壮，拐子根要在20厘米以上，并尽量多带须根。

④栽前剪去烂根、裂根，尽量减少伤口面积，然后用0.005%~0.01%萘乙酸或用0.2%ABT生根剂浸泡根系5~6小时，取出后趁湿用优质草木灰蘸根栽植，草木灰中的钾可提高根的抗性，激活根内某些酶的活性，从而有利于生根。

⑤运输时不要碰伤根系和枣枝，最好用塑料布包裹根系，以防风吹日晒，磨碰根皮，确保根系完好湿润。

⑥定植坑至少要70厘米见方、分层复土踏实再进行浇水，待水

渗后培土堆，以防干旱和风吹摇晃影响成活。

⑦栽植时对黏性较大的土壤，可在根系周围搀沙或草木灰，以提高土壤氧气含量。填土后灌水，上面铺沙或覆膜，以蓄热保墒，提高地温。

⑧栽植后树枝的方向最好和移栽前保持一致。

⑨移栽枣树时，可在事先挖好的树坑内放上一把谷子，这样可提高枣树的成活率。因为谷子在树坑里发芽后能紧紧把住枣树根，减少树干摇动，有利于新根生长发育，另外谷芽腐烂后还可作为枣树新根生长发育的营养。

8. 枣子还没有完全成熟就掉果，有哪些因素会造成这个现象？

一般枣树落果的原因如下。

（1）树体营养不良。枣树的枝叶生长与花芽分化、开花、结果同步进行，且花芽量大，花期长，整株花芽分化2个月左右，营养生长和生殖生长互相竞争，营养的矛盾十分突出，易导致大量落花落果。

（2）激素。枣树落果是由于果柄处形成离层所致，而离层形成与内源激素如生长素IAA、脱落酸ABA和细胞分裂素等有关。自然落果时期正是果实中生长素含量低的时期，生长素含量高时，落果率低。

（3）品种授粉不良。枣树大多品种可自花授粉结实，但有些品种花粉发育不良，如无授粉树或授粉树配置不合理，则受粉不完全，造成胚败育而落花落果。

（4）病虫为害。焦叶病、枣锈病和日本龟蜡蚧、枣壁虱、枣红蜘蛛的大量发生，引起早期落叶，影响养分制造与积累，而造成果实脱落。炭疽病、缩果病和桃小食心虫则直接为害果实而造成落果。

（5）自然灾害。花期遇干热风，易造成焦花，损害枣花的授粉与受粉，降低坐果率。花期如遇连阴雨或暴风，落花率增大，导致花期落果率的上升。果实生长期如遇大风、冰雹等自然灾害时也会造成

落果。

相关防治对策包括：

（1）叶片多喷施速效性磷钾肥及多种微量元素叶面肥，少施氮肥，7～10天喷1次，增强叶片功能，增加单果重，提高品质，增加产量，延长叶片功能，多积累养分贮备，增加抗冻抗旱能力，为来年丰产打下基础。

（2）及时消灭后期病虫害，使之为害率降至最低程度。重点防治枣小食心虫，叶蝉、灰飞虱、枣瘿蚊是枣疯病的直接带毒传播者，要严防。后期要及时喷药消灭病原菌，减少发病基数。

（3）及早追施有机肥和无机肥并混合穴施，因地温高、腐化快，可促根愈合再生，扩大根的吸收面积，有利于冬季抗寒抗旱，并为来年早期生长供应养分。

9. 枣树夏季如何嫁接?

（1）嫁接时间。一般在7月上旬到9月下旬进行。嫁接时间过早，接芽发育不充实，接穗木质化程度低；嫁接时间过晚，接口愈合慢，成活率低。

（2）接前准备。①砧木选择。选择生长健壮、无病虫害、基茎在0.5厘米以上的酸枣苗作为砧木。②接穗采集。剪取生长健壮、无病虫害、芽眼充实、已木质化的当年生枝条作为接穗，直径在0.4～0.6厘米，要剪去叶片留下叶柄。③接穗保存。为了利于贮运，可将接穗剪成20～30厘米长的小段，用湿沙深埋或用湿麻袋片包裹保湿，并及时上水。

（3）嫁接方法。采用带砧木接芽法。首先在砧木上选好贴芽部位横切一刀，深达木质部，然后自上而下削1.5～2厘米长的“T”字形接口；在接穗饱满芽上方0.5厘米处横切一刀，深达木质1～1.5厘米用刀自下而上快速削下接芽，长度比砧木上的接口稍短一点，将接芽贴在砧木“T”字形接口内，使芽片的形成层与砧木的形成层对齐（顶部与一侧对齐即可），用宽为0.5厘米的塑料条绑紧。

（4）接后管理。嫁接后15～20天检查其成活与否，有未成活的可及时补接。成活苗于翌年春季在接芽上方2～2.5厘米处剪砧，并去除塑料条，以促进嫁接芽的成活与萌发。

10. 大枣如何保花蔬果？

在地面及时灌水的同时，花期空气干燥时，应隔天下午喷水3～4次；并于盛花期喷益果灵500倍液或赤霉素、PBO等激素1次；还可放蜂。对长势健壮，并有条件及时灌水的，可于盛花初期进行环剥或环割，调节营养分配，促进坐果。自然落果后，剪除顶端的幼果和花序，并疏除弱枝、病虫果和畸形果。

11. 大枣如何整形修剪？

整形修剪采取冬夏结合，随树造型的办法，每树保留5～10个骨干枝，并在树体内均匀排列；对过多的直立并生枝采取疏除1～2个和拉枝开角1～2个；对过密枝、交叉枝、病虫枝采取疏除或回缩等方法；对下垂枝、衰老枝，通过回缩进行更新复壮；对有空间的枣头枝，进行短截，进一步扩大树冠。

12. 10年左右的枣树移栽可以成活吗？

果树移栽在生产中很常见，但一般不会移栽树龄过大的果树。如果移栽前做好充分准备，移栽过程中注意防止果树根部过度受伤，那么也是可行的。应做好移栽过程中的防护工作，10年左右的枣树移栽需要起大土坨，用草绳捆好，成活率应该不成问题。枣树发芽前栽最好。

杏

1. 种植杏树常用的技术有哪些？

（1）高标准建园

选在背风向阳，地势较高，排水良好，土层深厚的地块建园，新

建杏园避免重茬。选用壮苗，秋天栽植，应多品种混栽或配植授粉树。

（2）加强土肥水管理

施肥：定植第一年采取薄肥勤施的原则，以迅速扩大树冠，并形成一定的花芽。丰产树施肥每年在发芽前、6月下旬采果后、9月下旬至10月上旬着重施3次肥。

及时追肥：可结合病虫害防治一并进行，生长期可根据生长需要经常进行叶面喷肥。

树盘覆草：树盘覆草一年四季都可进行，但以夏初或秋末最好。

适时浇水：做好春雨季节、梅雨前后、伏旱时期以及秋季的排水和灌溉工作。

扩穴改土：扩穴应从第二年秋季开始，结合秋施基肥进行。

（3）合理整形修剪

常用树形有自然圆头形、主干疏层形、纺锤形和自然开心形等。修剪时着重考虑改善树体内部光线，合理分配营养，平衡树势，调节生长与结果的关系。应掌握疏密间旺，缓放斜生，轻度短截，增加枝量的原则。

（4）花果管理

控冠促花：进入丰产期后，为了控制树冠生长，应结合保果，于4月底、5月初喷2次300倍15%多效唑或200倍PBO。

保花保果：①配植授粉树并在花期放蜂；②人工授粉；③花期喷水，可于水中加入0.1%的硼砂和0.1%的尿素；④应用植物生长调节剂保果，盛花期用每升水对20毫升赤霉素喷。

疏果：在落花半个月即第一次生理落果稳定后进行。每5~8厘米枝梢留果1个的密度，每亩产量控制在2 000千克左右。

（5）病虫害防治

杏树的主要疾病有黑斑病、疮痂病、炭疽病、杏疔病、轮纹病、穿孔，主要害虫有杏仁蜂、桃小食心虫、蚜虫、球坚蚧、红蜘蛛和桃蛀螟等。应根据病虫害的发生情况和活动规律，采取人工防治、生物防治和化学防治相结合的综合防治措施，控制和减少病虫为害。

2. 盆栽杏树需要注意哪些事情?

温室盆栽应选果个大、外观好、早熟丰产、挂果期长、抗晚霜的品种，如兰州大接杏、串枝红、河北大香白杏、水晶杏等。

选根系发达、生长健壮的1年生苗木，萌芽前定植。选用口径为20~25厘米的花盆，营养土回填后留出20%左右的沿口，上盆后浇1次透水。

盆栽杏定干20~30厘米，选择4~5个对称的枝做主枝，当主枝长到12~15厘米时摘心，促发副梢，培育枝组。盆栽果树修剪很重要，主要在萌芽期和生长季进行：①萌芽前后拉枝提高萌芽率，增加短枝量，促进成花；②夏季修剪摘心；③冬季修剪要坚持轻剪的原则，根据生长情况对临时枝采用缓放、去强留弱、开张角度等方法处理，过密的疏除；过长、过高枝应回缩，以达到控冠的目的；疏除直立、花芽量少的强旺枝和重叠枝、交叉枝；树龄较大或结果量过多、树势较弱且出现内膛光秃的，应重截树冠中下部的较弱枝，以促分枝；甩放长势中庸、花芽充实的中短枝、花束状果枝，以利结果。

秋季将已经形成饱满花芽的盆栽杏搬入低温库（0~7℃）休眠，满足品种低温需冷量后搬出，定植在日光温室内。

定植初期，温室内白天控温20℃左右，夜间2~5℃；1周后，白天25~28℃，夜间5~8℃；幼树生长期白天最高温度不超过30℃，夜间不低于5℃；开花期温度要求在22℃以下。

勤浇水，冬春季节7~10天浇水一次，夏季1~2天浇水一次，必要时1天1次。晴天每天都要浇透水，保持盆土潮湿。施肥以饼肥为主，用1千克干肥经浸泡发酵后加水稀释到200千克，施用效果最好。从花期直到采果，每隔7~10天施一次，花期可追施1~2次0.1%尿素液，果膨大期可追施1~2次0.1%磷酸二氢钾。

杏树能自花结实，但为提高坐果率，仍需进行人工辅助授粉或蜜蜂授粉。花前7~10天将蜂箱搬入温室，花期还可喷硼或尿素。

花后2周疏果，长果枝留3~4个果，短果枝留1个，每盆30个果左右；隔10天再疏一次，每盆留果20个左右。

盆栽杏树的病虫害主要有杏仁蜂、桃蚜、桑白蚧、天牛、桃小食心虫和杏疔病等。防治方法：结合修剪剪除病虫枝，常用药物防治。

李子

1. 李子树管理要点有哪些？

（1）修剪。李子以短果枝及花束状短果枝结果为主，因此，修剪上以轻剪长放、通风透光为原则。对于第一年结果树应以整形为主，适当加大修剪量；多年生树基本是采用疏剪，回缩，拉枝等措施，以缓和树势，控制营养生长。修剪时期以夏季、秋季为主，重点疏除过密枝条，背上旺枝及竞争枝，并及时进行摘心，拿枝、扭梢，以加强通风透光，促进花芽分化。

（2）肥水管理。采收修剪后及时进行追肥、浇水；适当增加叶面喷肥次数；早施秋基肥，9月底至10月初开始施入基肥；注意及时排涝。

（3）病虫害防治。采收修剪后立即喷布一遍杀虫杀菌剂；进入6月份后李子树主要病虫害为细菌性穿孔病、褐腐病以及红蛛蛛、潜叶蛾、舟形毛虫、刺蛾等，可用杀菌剂与杀虫杀螨剂交替使用。

2. 李子为什么坐不住果？应该注意什么问题？

（1）李子坐不住果可能有以下原因。

一是树体营养过旺。二是授粉树配置不合理。三是花期温度低，影响受粉。四是幼果期使用吡虫啉能造成落果。

（2）李子坐不住果应该注意以下问题。

一是控制树体营养过旺，加强夏季修剪，控制旺长。控制旺长措施：大树在芽前至新梢10厘米，土壤环状沟施多效唑，每投影1平方米面积1克。小树在7月20日左右，树上喷多效唑300倍。二是合理配置授粉树。李树大多数品种自花不结实，栽植时必须配置一定比例的授粉树。授粉品种应具备花期相遇，花粉量大，亲和性好，同时果实采收期应与主栽品种接近，便于管理等。授粉品种应占主栽品种的1/5～1/4。授粉品种可成行配置，也可用对角线的方式配置。三是在花前使用吡虫啉防治蚜虫，这样避开幼果，防止落果。四是合理施肥，注意施肥时期，每年8月下旬至9月上旬施有机肥，能够促进花芽分化，促进坐果。

石榴

石榴裂果如何防治？

（1）合理浇水，控温保湿。由于水的热容量高，对调节果实温度、防止日灼、骤冷等有一定的作用。因此，在果实生长发育季节，应把握时机合理浇水，保持土壤湿润、温度适宜。特别是果实近熟前，只要土壤水分适中，一般不需浇水。如果气候实在干旱，也应用小水细浇，切忌大水漫灌，以免造成土壤湿度过大。雨季过后全园进行覆草，厚度15～20厘米，也能收到控温保湿的效果。

（2）合理修剪，增强树冠通透能力，防止枝果磨伤。冬剪时，要疏掉或回缩一部分较大的交叉枝和重叠枝，调整好各级骨干枝的从属关系，间疏和回缩外围密生结果枝、细弱下垂枝。夏剪主要是抹芽、摘心和扭梢等。对无用和拥挤枝芽及早抹除，疏除无用的徒长枝，有空间的枝可通过摘心、扭梢使其转化为结果枝。

（3）及时防治蛀果害虫，主要是桃蛀螟和桃小食心虫。一是抓住越冬代幼虫出蛰、成虫羽化、卵和幼虫孵化3个关键时期集中防治。防治越冬代幼虫，可于幼虫出蛰前撒施辛硫磷颗粒剂。成虫发生期，喷90%敌百虫1 000倍液或50%辛硫磷1 000倍液，或菊酯类药2 000～3 000倍液进行防治。卵和幼虫孵化期，喷50%杀螟松或90%敌百虫1 000倍液防治，效果良好。及时捡拾和摘除被害果加以处理，减少虫源。二是用药泥堵萼筒。幼虫蛀果前，用50%辛硫磷或90%

敌百虫0.5千克加土100倍及水10千克搅拌药泥，团成小泥团堵塞萼筒。三是摘除对腚果，掐掉果实基部的叶片，也能防止幼虫蛀果。四是果实套袋。在害虫产卵前套袋，不仅可防止幼虫蛀果，而且还可兼治多种病害和提高果实质量。

猕猴桃

猕猴桃树雄株死了，剩下好几株雌株不能授粉，怎么办？

猕猴桃属雌雄异株，授粉不足将使果实变小，风味和品质变差。可在雌株上嫁接雄株芽，以满足授粉的需要。有时雌雄株花期不遇或花期连续阴雨造成授粉不良，这时需采用人工授粉的方法给予解决。如果数量少，可采用点授的方法解决；如数量较多时，可预先收集雄株花粉，用2%葡萄糖水搅匀后过滤，装入小喷雾器中，对雌花柱头喷雾。未授粉的雌花柱头虽花瓣脱落但仍鲜嫩，授粉以后的雌花柱头很快就会枯焦，这是观察是否已授粉的简易方法。

蓝莓

北京地区是否适合种植蓝莓？

蓝莓适应性强，已栽培利用的有三个种类：高丛蓝莓、矮丛蓝莓和兔眼蓝莓。华北地区，可以栽植矮丛蓝莓品种，株高在1米左右，对栽培管理技术要求较高。

（1）园地的选择：对土壤的要求较高，喜酸性土壤，pH值在4.0~5.5，最适4.0~4.8之间，有机质含量要求8%~12%，至少不低于5%，土壤疏松，通气良好，湿润但不积水，抗旱性差，北京地区降雨不足，要有灌溉条件。

（2）定植：春栽和秋栽均可，矮丛蓝莓（0.5~1）米×1米。授粉树配置：矮丛蓝莓自花结实率较高，但配置授粉树可提高果实品质和产量。配置方式采用主栽品种与授粉品种1∶1或2∶1比例栽植。

（3）土壤管理：在沙壤土上栽培高丛蓝莓常采用清耕方法，深度以 5～10 厘米为宜，从早春到 8 月份都可进行。

（4）越冬防寒：尽管矮丛蓝莓和半高丛蓝莓抗寒力强，但在寒冷地区仍时有冻害发生。最主要表现为越冬抽条和花芽冻害，在特殊年份可使地上部分全部冻死。因此，在北京地区栽培蓝莓，越冬保护也是保证产量的重要措施。

火龙果

如何种植火龙果？

常见的火龙果的种植技术如下，供参考。

（1）棚室的选择

普通日光温室都能种植，但保温效果要好，要有加温设备。

（2）对环境与土壤的要求

温度：火龙果喜温暖，最佳生长温度为 20～30℃，在 8℃生长缓慢，低于 4℃会受冻害，高于 35℃或低于 8℃时则进入休眠或半休眠状态。

光照：火龙果喜光但也较耐阴，充足的光照可使植株强壮，多孕蕾，反之可导致植株徒长。

水分：火龙果植株耐旱能力强，空气湿度保持在 60%～70% 为最佳，田间浇水次数与多少依不同生长季节而定。植株生长旺季适宜勤浇水，在挂果期以土壤不湿不干为宜，采果前 5 天应停止浇水。

土壤：火龙果对土壤的适应性很强，但以壤土为好，土壤 pH 值 6～7 为宜。

施肥：火龙果栽培用肥在苗期以氮肥为主，进入花果期应以磷钾肥、有机肥为主，同时辅以少量的化肥。

（3）种植方式

育苗：多采用营养枝条扦插无性繁殖法。

定植：畦面宽1.4米，畦间沟宽40厘米、深20厘米，畦面中间高两肩低。

种植密度：以水泥柱水平棚架为例，行距1.5～1.8米，株距1.2米，一柱双株，每亩留苗600～700株。

棚架设计：在每畦的中间埋水泥柱，于每根水泥柱南侧栽种两株，在柱顶部用10#铁丝做成空间网，用以吊固果枝。

适时定植：火龙果一年四季均可种植，但以3～5月为宜。

（4）田间整枝打杈

火龙果植株生长迅速，应注意整枝，一般前期只留一个主干，待主茎长至1.5～1.8米时再行打顶，预留枝数一般每株10～15条，及时剪掉过密枝杈。开花时配合人工授粉，疏花疏果，每条挂果枝留果3～5个。

（5）病虫害防治

火龙果抵御病虫害的能力很强。防治蚂蚁可用辛硫磷拌麸皮或稻糠对水1 000倍浇根或800倍敌百虫药液喷根。常用的杀菌剂有代森锌、多菌灵或托布津等。

（九）综合

1. 果树剪锯口如何护理?

（1）修平剪锯口。剪锯口要平滑，特别是大的锯口要用快刀修平，以利于愈合。

（2）涂抹愈合剂。所有剪锯口全部涂抹愈合剂封闭，边剪边锯边涂抹，既可防止水分散失，又可避免腐烂病菌侵染，促进愈合。大量试验表明，涂抹愈合剂后，腐烂病侵染率为0.1%左右，而对照因综合管理水平不同，一般在0.1%～0.5%；大剪锯口当年即可愈合，比对照明显加快。

（3）黏土保护。用细筛筛过的黏土加水调和成软糖状封闭剪锯口，可防止剥口蛤虫侵入，减少剪锯口水分散失，利于愈合。据试验，用黏土保护后99%的剪锯口没有蛤虫，当年即可愈合；而对照，

80%以上的剪锯口有蛤虫，20%以上的剪锯口当年无法愈合。

（4）涂抹腐必清。对2年以上未完全愈合的老剪锯口，可于春、秋两季涂抹2次腐必清，防止腐烂病菌入侵，有效率在98%以上。

（5）桥接。对大的剪锯口也可于春季进行桥接，使上下营养尽快流通交换。

2. 在重庆璧山能够种植杨梅树吗？树苗北京有新品种供应吗？

杨梅树适宜生长在气候温和、雨量充沛的环境里。由于适应性强，对土壤的选择要求不高，pH值5左右，酸性或偏酸性的土壤均适宜；也可开垦荒山栽植。苗根生长势强，能在贫瘠多砂石的山坡上生长，并有保持水土的作用。

我国是杨梅的主产国，除日本有少量栽培外，其他国家很少栽培。我国杨梅主要分布在北纬20°~31°，主要产于浙江、江苏、福建、广东、广西、湖南、江西、云南等省（区），台湾、贵州、四川、重庆及安徽南部有少量分布。

从杨梅树的分布看，重庆是可以种植的，但是当地适合不适合种植，需要具体根据当地的气候和土壤条件等，最好应该了解一下本地是否有杨梅树种的栽培或者咨询一下当地果树专家。

杨梅树苗目前北京无销售，南方浙江、福建等地有售。

3. 六年的杨梅长势很旺，没结果怎么办？

（1）幼旺树修剪要轻剪，疏除徒长枝和过旺枝条。

（2）春季土施多效唑，树冠外沿挖10厘米深环状沟，施多效唑。施用量：树冠投影面积每平方米1.5克，萌芽前或者新梢生长10厘米左右时施用效果最好。生长季节也可以叶面喷500倍左右的多效唑悬浮液。

（3）夏季拉枝，开张角度，通风透光，缓和树势，促进形成花芽。

4. 果树起垅栽培的优点有哪些？

①早春有利提高地温；②雨季防水多沤根；③土壤透气性好，有利根系生长；土垅表层土壤疏松干燥，减少杂草生长。

5. 北京密云新城子承包荒山，发展什么果树好？

根据咨询者的情况，以下建议供参考：

（1）该地区生长日数较短，要选用 9 月 20 日以前成熟的果树品种。

（2）该地区海拔高，冬季寒冷，要选用抗寒性强的树种，如葡萄、李子、小苹果、秋子系梨等。

6. 河滩地是否适宜种植柿子和枣？

河滩地适合种植枣树，不适宜种植柿子，因为柿子容易受冻害，适宜在山前暖带种植。

7. 果树冻害如何防治？如何减少产量损失？

果树防冻措施：

（1）轻修剪或推迟修剪，等到开花的时候疏花。

（2）树干冻得有裂口，防治方法是树干涂白，特别是树干南侧。处理伤口后，可以缠塑料薄膜，以减少水分的流失。

（3）芽开始萌动时，喷洒天达 2116、碧护、PBO 等制剂，可以减轻冻害。

受冻害的果树减少产量损失的建议如下，供参考：

对于受冻害的果树，要提高花的授粉率，比如人工授粉及进行花期喷硼等。不管是核果类的果实（桃、杏），还是仁果类的果实，都要多授花粉，这样生命力强的花完成了受粉，而且其他没有授粉的花粉给幼果提供的充分的营养，细胞分裂得多，（盛花期 1 个月左右是细胞分裂期），这时要加强树体营养。

8. 北京市房山山区适合种植什么果树？

在北京市房山山区可以种植的果树比较多，比如柿子、桃、枣、杏、核桃等，柿子树在房山表现较好，要根据咨询者的实际需要，来选择种植的果树品种。

9. 河南林州适合种植哪些果树？

河南地区适合种植大多数北方果树，例如：苹果、梨、桃、葡萄等。

10. 请问天津河北一带能大量种植青梅吗？

天津河北一带能种植青梅。目前河北石家庄、高碑店等地已有少量种植，生长结果正常。土壤要求中性偏酸。

11. 哈尔滨市陆地可以种植的果树有哪些种类及品种？

哈尔滨市陆地主要可以种植的果树如下，供参考。

小苹果树：123，黄太平，K9，龙冠等。

李 树：绥李三号，九台晚李，晚红，长李 15，方正桃李等。

梨 树：金香水，秋香，苹果梨，晚香，南果梨等。

浆果：黑豆果，树莓，草莓及各种葡萄（注意葡萄冬季防寒要覆土 80 厘米厚）等。

12. 促进枣树、杏树成花，促进结果的药有什么？樱桃 pp333 如何使用？

（1）枣树盛花期喷赤霉素，2 ~ 3 次。提高枣树坐果，可以加喷硼砂，提高授粉效果。喷 PBO 可促进杏树花芽分化，坐果效果好。

（2）樱桃使用多效唑，促进花芽分化，促进坐果。pp333 商品名就是多效唑，以土施效果最好。使用方法：发芽前，按每投影 1 平方米面积 1 ~ 1.5 克，在树冠外沿环状沟施。

13. 种植的果树已经结果，大约 10 厘米粗，能不能先移栽，明年再种植?

可以先移栽，明年再种植，但尽量把根挖大一些，带土坨。就近密集码放，挖沟覆土 30 厘米，浇透水。树上重修剪，最好对主干、大主枝裹上塑料薄膜，防止水分过度蒸发。

14. 请问一亩山茶树的产量是多少?

山茶树是木本油料树种，属乔木植物，适宜生长的气候土壤环境较为独特，主要在南方低纬度地区种植，以低海拔土层深厚、酸性土壤 pH 值 5~6.5 的低山丘陵地区最好，要求年平均温度为 14~21℃，年降雨量为 800~2 000毫米，无霜期为 200~360 天，海拔 300 米以下，≥10℃积温为 4 250~7 000℃。山茶籽油产量极低，一般在 3~5 千克/亩，人工栽种的山茶树从栽种到盛果期一般需要 8~10 年。

15. 开心果在重庆市能种植吗? 它的产量怎么样?

开心果，学名为“阿月浑子”，原产地中海及西亚的中东地区，大约分布在东经 75°至西经 10°、北纬 28°~45°，垂直分布约为海拔 50~1 200米，气候要求夏旱冬湿的地中海性气候和亚热带及暖温带南缘，土壤要求含盐量 0.3% 以下，pH 值 7.0~8.2，排水性好，地下水位在 5 米以下。

美国从伊朗引种，并在加州推广，现生产水平居世界领先地位。我国新疆有栽培，其他如内蒙古、山东、陕西、南京、甘肃曾引种栽培，但多表现为只生长不结实或结实少。开心果的生长发育对气候要求严格，如果气候条件不适，如在美国加州海拔超过 800 米，则夏季热量明显不足，果实就不能正常生长发育；开花期最忌阴雨、晚霜和干热风，此时的气候对授粉受精影响很大；生长季空气湿度太大如夏季高温高湿易染病；冬季适量的低温对花芽分化和小花发育十分重要，冬季的需冷量约为≤7.2 ℃ 1 000小时，如低于 670 小时，开花和萌芽将大大推迟且极不正常，导致叶片畸形，产量低下。

开心果产量也与品种有关，如我国新疆栽培的品种最高株产量为 9 千克（30 年生直播苗树）；而美国目前广泛栽培的 kerman 品种，20 年生平均株产 22.7 千克，坚果平均千粒重达 1.5 千克以上。

所以，建议咨询者比较一下重庆市的气候条件和开心果适栽区的异同，慎重引种种植，毕竟能生存和进行商品化栽培之间有差距，也可以寻求当地农技服务部门的帮助。

16. 树为什么要挂吊瓶？

树木挂吊瓶主要是补充营养，一般是大树移栽成活较难时挂吊瓶，或树体缺素、根系吸收困难时挂，主要作用是快速补充树体所需养分，改善营养状况。

17. 北京市丰台区是否能种红阳猕猴桃？

红阳猕猴桃只要在海拔 350 ~ 1 500 米，水源有保障的缓坡地，或者排灌良好的平原，土壤再带点酸性，就可以种植红阳猕猴桃。丰台区土壤如符合以上种植条件，就可种植。

18. 如何提高秋栽果树的成活率？

适时栽植。一般落叶果树如李子、杏、梨、桃、枣、苹果、核桃等可在 10 月中旬至 11 月上旬栽植。

起苗运苗。选择生长健壮，无病虫害的好苗。起苗时，尽量少伤侧根，尽量就地就近育苗，就地栽苗。距建园较远需运输的苗木，应苗根蘸泥浆保湿包装运输，防止风干。

挖好树坑。栽植前，按树种株行距的要求确定栽植点，先开好穴。将表土、底土分别堆放，穴内施足底肥，回填耕作层肥土。

选苗剪根。秋栽前要认真选苗，剪除坏根、伤根及过长根。栽植前先将苗木根系放置在清水中，浸泡 6 ~ 12 小时，使根系吸足水分，以提高苗木的含水量。

泥浆蘸根。采用根系蘸浆法栽植，方法是：用黄土25份、过磷酸钙3份、水100份，搅拌成稀泥浆，栽前将苗木根系在泥浆中浸蘸一下，然后再进行栽植。

浸生根粉。栽前用生根粉3号（50～100）$\times 10^{-6}$毫克/千克溶液进行浸根。具体方法是：取生根粉3号1克，先用50毫升酒精溶解后，再加1千克凉开水，最后用较大的容器再加水10～20千克，将苗木浸入其中，浸泡30分钟后再行栽植。

适当浅埋。栽苗时，注意横竖行的整齐一致，嫁接口高出土面2～3厘米，以防腐烂。扶正树苗填埋肥土，轻轻提下苗木使根伸展不窝根，边填土边踏实。浇1次定根水，要求将水浇透。

灌封冻水。因新植幼树多为一年生苗，其根浅，土壤易风干，不浇封冻水，会影响成活率，所以，在初冬土壤封冻前，灌封冻水。

树干涂白。栽后对树干进行涂白，能有效减少树体对太阳能的吸收，使树体温度回升缓慢，推迟树芽萌动。涂白剂的常用配方是：水10份，生石灰3份，石硫合剂原液0.5份，食盐0.5份，油脂（动植物油均可）少许。配制时，要先化开石灰，把油脂倒入后充分搅拌，再加水拌成石灰乳，最后放入石硫合剂及盐即可。

19. 秋栽果树如何管？

（1）病虫防治。主要防治红蜘蛛、白蜘蛛、潜叶蛾、顶梢卷叶蛾、蚜虫及早期落叶病。防治红、白蜘蛛用1.8%齐螨素5 000倍，防治潜叶蛾最有效的药剂是灭幼脲3号，防治顶梢卷叶蛾可用菊酯类杀虫剂，防治蚜虫要用吡虫啉等药剂。

（2）追肥。每株树追50克尿素、50克磷酸二氢钾，距树干30～40厘米周围挖5～10厘米的环状沟或挖同样深度的6～8个小坑或围绕小树开3～5条放射状小沟，施入化肥后覆土，然后看降雨情况，如天气干旱应及时浇水。树上应每隔10天喷一次300倍尿素或300倍的磷酸二氢钾。

（3）树体管理。剪除距地面50厘米以下的新梢。中心梢长度超过 60～70 厘米的，进行摘心（掐尖），目的是壮枝促发侧梢。中心梢下的第二梢的处理，采取拿枝软化，扭伤别枝等方法，改变其生长方向，促进中心梢健壮生长。对于中心梢歪斜或小树不直立生长的，要在小树旁立一杆，用绳子绑住中心梢或小树，扶正扶直。

20. 果园套种药材应注意什么？

（1）根据果园类型套栽。旱地果园只适合套栽耐旱药材，如柴胡、黄芩、黄芪、知母等。水浇地可套栽较喜湿润、不耐寒的元胡、附子、北沙参等。山区应套种喜湿、怕热的黄连、党参、麦冬、西洋参等。

（2）根据树种套栽。枣树、柿树等发芽较迟的果树，可套栽喜光但有夏眠习性的贝母、元胡等。桃、杏、樱桃、枇杷等果熟期在最热月份到来之前的果园，可套栽喜热怕践踏的茯苓等菌类药材，还可挂袋生产木耳和银耳。

（3）根据树龄套栽。幼龄果园因尚未封行，可在行间栽培 1～3 年收获的地黄、远志、黄芩、菊花、黄芪、牛膝、板蓝根、草决明、白术、柴胡等喜光药材。成龄果园则应选择喜阴或耐阴的药材套种。

（4）根据树冠情况套栽。树冠及树叶较稠密的果树，如桃、樱桃、杏、葡萄、柿子等，可套栽半夏、天麻、灵芝、黄连等喜阴湿的药材。树冠较稀疏的果树，如苹果、梨、山楂等则可套栽丹参、百合、天门冬等稍耐阴湿的药材。

二、果品贮藏

1. 柿子如何贮藏？

柿子贮藏是一个综合保鲜技术，要贮藏效果好，必须控制从采收、包装到入库管理以及出库的各个环节。柿子的贮藏一般采用冷库冷藏的方法，温度控制在 －1～0℃，相对湿度 85%～90%，一般贮藏 2～3 个月。柿子贮藏首先是贮藏品种的选择，用于贮藏的品种一般选择晚熟品种，如磨盘柿、鸡心黄、火柿、马奶头、骏河及次郎等。其次是成熟度，贮藏用果一般在8成熟采收。用于贮藏的果不能有任何机械伤、病害等。运输的过程应注意包装的使用，常见的有木箱和纸箱，每层果之间用纸或其他柔软的材质衬垫，包装容量一般为10～20千克。冷藏之前要注意预冷环节，尽快除去田间热，一般在2℃左右预冷至少12小时。贮藏过程中应定期通风换气。如有条件可以选择性使用一些保鲜剂。柿子贮藏也可以采用简易气调技术，即柿子采收以后装入厚度为0.06～0.08毫米的聚乙烯薄膜袋中，放入一定量的聚乙烯吸收剂，密封后置于－1～0℃冷库贮藏，可以贮藏3～4个月。

2. 葡萄入冷风库前怎样消毒效果好些，储存期长些？

（1）目前生产上广泛应用的冷库消毒剂主要有两种：第一，用硫黄熏蒸消毒。具体操作如下，可用硫黄粉拌木屑或者在容器内放入硫黄粉，加入少量酒精（高度白酒也可以）助燃，点燃后密闭熏蒸。硫黄用量为每立方米空间约10克，密闭熏蒸24小时后，打开通风。由于硫黄对人体的刺激性大，操作者最好戴口罩，注意安全。这种方法的优点是使用方便，价格低廉。目前这种方法应用广泛。第二，用福尔马林溶液喷洒消毒。使用浓度为1%（体积比）。农户购买后，可以在冷库内均匀喷洒，然后密闭熏蒸24小时后，开库通风即可。这种方法的优点是消毒效果好，但价格要稍微高一些。其他消毒方法还有用10%漂白粉溶液喷洒消毒，操作类似福尔马林消毒。农户可以根据自己的情况选择不同的方法。

（2）延长葡萄贮藏期的问题，不单是冷库消毒的问题，还得综合考虑多方面的因素，包括葡萄的采收、入库、码垛、冷库管理（冷库温度和湿度的控制）以及配合使用一定的保鲜剂和保鲜包装材料等。葡萄保鲜剂的使用是葡萄贮藏的关键，葡萄保鲜剂目前有片剂和粉剂，片剂的缓释性较好，推荐使用。具体的使用量可以遵照厂家的使用说明，不同品种葡萄，不同的贮藏时间，使用量不同。

3. 如何延长鲜枣的贮藏期?

目前鲜枣贮藏保鲜技术还不十分过关，不能长时间保存，一般只能保存 2 ~3 个月。影响枣果保鲜的因素有很多，如品种、采收成熟度、药剂种类、贮藏条件（如温度、湿度、气体成分）等，以下方面的建议供参考：

选择相应的耐贮品种：对北京市怀柔区而言，耐贮品种有冬枣、西峰山小枣、西峰山牙枣、团枣、蛤蟆枣、尖枣、木枣、十月红等。

适时采收：一般成熟度越低越耐贮藏，但采收过早，含糖量低，风味差，营养积累少，而呼吸代谢旺盛，消耗底物多，加之枣果表面保护组织发育不够健全，保水力差，易失水；采收过晚，果实活力低，抗外界不良条件能力差，不耐贮。故此，鲜食用品种在半红期采收为宜。

采果方法：一般用手摘，轻摘轻放，避免碰伤，并注意保持果柄完好无损。

预冷：一般采用风冷方法进行预冷，目的是避免果实带入大量的田间热量，使呼吸减弱，利于延长贮藏期。枣果采收后立即入库预冷至 0 ~1℃，然后码垛贮藏。

药剂处理：采前喷氯化钙等药剂能延长贮藏期。钙能改变枣果中水溶性、非水溶性果胶的比率，使大部分果胶变成非水溶性；其次，钙固着在原生质表面和细胞壁的交换点上，降低其渗透性，减弱呼吸作用。一般在采前半个月喷 0.2% ~1% 氯化钙。但药剂处理的效果与品种有关，在应用时应选择适宜的药剂种类及适用浓度。

装袋：减少水分蒸发，适当抑制呼吸，装入有孔塑料袋或保鲜膜袋中，既能保低温，又不会积累过多的二氧化碳（CO_2 的浓度不能超过 2%）。一般采用厚度为 0.03 ~0.05 毫米聚乙烯袋进行包装，每袋装 2 ~4 千克枣果，封袋口，分层放置。

贮藏期间管理：将贮藏库温度稳定在（0 ± 0.5）℃（或略高于品种的冰点温度），袋内相对湿度稳定在 90% ~95%，二氧化碳浓度在2%以下，并经常抽样检查果实变化情况，必要时及早出库。用此法贮藏，冬枣可以贮藏60～90天。

4. 西瓜如何保鲜?

西瓜的贮藏保鲜主要包括常温贮藏和低温贮藏，西瓜常温贮藏保鲜的最佳环境条件是：温度14～16℃，空气相对湿度80%～85%。

常温贮藏。选生长良好、无病虫害、瓜皮坚韧、八成熟的健壮瓜作贮藏。采瓜前一周左右，田间喷洒一次1 000倍的托布津或多菌灵，减少西瓜带菌。用于贮藏西瓜的普通仓库、地下库、通风库应严格消毒。房屋内先铺放一层麦秸（7～10厘米）、高粱或玉米秸，然后摆放西瓜。西瓜要按其在田里生长的阴阳面进行摆放，高度以2～3层为宜。贮藏期间应注意通风换气，白天气温高时，开启门窗进行通风降温。夜晚气温低时，封闭门窗，温度最好控制在15℃左右，相对湿度保持在80%左右。对于不宜续贮的西瓜，应及时出库销售。此法可贮藏西瓜1个月左右，其色泽、风味与刚采摘的西瓜差别不大。

西瓜低温贮藏的适宜温度为3～5℃，相对湿度80%～85%，冷藏期一般可达1～2个月。其选瓜、药物处理、堆垛和常温贮藏方法相同。

三、病虫害防治

（一）苹果

1. 苹果树8月份如何防病虫害?

根据咨询者的具体情况，以下建议供参考。

（1）高温高湿季节打保护剂保护叶片，15～20天打一次波尔多液。

（2）中晚熟果解袋后，防治上市期和贮存期病害，再打一遍杀菌剂。

（3）此阶段注意加强桃小食心虫、梨小食心虫的预测测报，在蛾高峰期打一遍杀虫剂。

2. 当年才种的苹果树新叶上和老叶上有大片锈红的斑点（正反面），是什么病？如何防治？

根据咨询者描述苹果树病害的症状，初步判断可能为赤星病。防治方法为：

（1）果园5 000米以内不能种植桧柏。

（2）果园周围不能砍的桧柏，早春在桧柏上喷2～3波美度石硫合剂或者100～160倍波尔多液1～2次。

（3）苹果树上在花前或花后喷1次25%粉锈宁3 000～4 000倍效果很好。目前可以用25%粉锈宁3 000～4 000倍喷一次，用以控制病情发展。

3. 苹果绵蚜虫害一年的发生规律？在河南、山东、陕西和辽宁等地的情况？

（1）苹果绵蚜在我国仅以孤雌生殖的方式繁殖后代，属不完全生活史型。主要以1～2龄若蚜在树干伤疤、裂缝和近地表根部越冬，在全年中苹果绵蚜数量常形成两次高峰。第1次高峰在5月下旬至7月上旬。约在5月上旬，苹果展叶期至开花初期，越冬若蚜成长为成蚜（无翅蚜），并开始胎生第一代若蚜，先在原处为害。5月中下旬产生第2代若蚜，自当年生枝条基部向上迁移至嫩梢、叶腋、嫩芽、枝干伤疤边缘和剪锯口缝隙等处为害，随气温升高，数量急剧增长，成为全年数量最多、为害最重的时期。在7～8月，苹果绵蚜数量常急剧下降，这是由于高温多雨，加上重要天敌（日光蜂）大量发生的缘故。第2次高峰在9月中旬至10月中旬，自10月下旬至11月上旬发生大量1龄若虫四散蔓延。当旬平均气温降到7℃左右时，若蚜进入越冬状态。

（2）苹果绵蚜在我国主要发生在河南、山东、陕西和辽宁。该

虫在辽宁1年发生12~14代，全年活动时期约7个月。在山东1年发生17~18代，全年活动时期约8个月。在陕西和河南的发生规律与山东类似。

4. 苹果树结的果老被喜鹊吃，请问该怎么办?

（1）果实套袋和反光膜

对果实进行套袋，可缩短鸟类的为害期，减少果品的损失；果园地面铺盖反光膜，反射的光线可使害鸟短期内不敢靠近果树，同时利于果实着色。

（2）设置保护网

对树体较矮、面积较小的果园，在鸟类为害前用保护网将果园罩盖起来即可，同时还可以和防雹结合，果实采后可撤去保护网。该法是防治鸟害效果最好的方法，但不足之处是投资较大。

（3）驱鸟

驱鸟的方法较多，但应综合利用，避免驱鸟方法固定化，以避免鸟类对环境产生适应。

一是人工驱鸟。鸟类在清晨、中午、黄昏三个时段为害果实较严重，果农可在此时前到达果园，及时把来鸟驱赶到园外，每个时段一般需驱赶3~5次。

二是声音驱鸟。将鞭炮声、鹰叫声、敲打声、鸟的惊叫声等用录音机录下来，在果园内不定时地大音量放音，以随时驱赶园中的散鸟。

三是置物驱鸟。在园中放置假人、假鹰或在果园上空悬浮画有鹰、猫等图形的气球，可短期内防止害鸟入侵。置物驱鸟最好和声音驱鸟结合起来，能起到更好的防治效果。

四是烟雾和喷水驱鸟。在果园内或园边施放烟雾，可有效预防和驱散害鸟，但应注意不能靠近果树，以免烧伤枝叶和熏坏果树。有喷灌条件的果园，可结合灌溉和“暮喷”进行喷水驱鸟。

（4）化学防治

鸟害的化学防治是在果实上喷洒驱鸟剂，使鸟类不愿啄食或感觉不舒服，迫使鸟类到其他地方觅食。

5. 苹果树树皮烂了怎么办?

根据咨询者苹果树的具体情况，可能是苹果树腐烂病。苹果树腐烂病主要发生在主干和大枝部位，小枝、果台也常受害，有时主根基部也发病。在特殊条件下，果实也偶有发病。在苹果树皮上腐烂病的症状可分两种类型：①溃疡型，冬春季发病盛期和夏秋季衰弱树发病，多呈典型溃疡型症状。②枝枯型，4~5年生以下的小枝和剪口、干枯桩、果台等发病，常表现为枝枯型症状。

苹果树腐烂病的防治必须贯彻“预防为主，综合防治”的方针，不是某一个措施所能单独奏效，而是应该抓综合防治，其中首要是狠抓预防措施，其中增强树势是关键，结合消灭病原菌和刮治，才能收到良好效果。

（1）加强栽培管理，增强树势，提高抗病力。要根据树龄、树势及土肥条件实行合理负担，严格控制大年结果量，应按照果树生长发育的要求，增施磷、钾肥，不宜偏重氮肥。果园冬季和夏季修剪过程中，注意清除枯死枝干、病枝、残桩、断枝，集中烧毁或搬离果园，不能丢弃于田间或堆存在果园附近，以减少菌源。

（2）病斑防治。彻底刮除病斑，刮治的最好时期是秋、冬、春季。同时，刮治病斑应该常年坚持，以便及时治疗，并应刮掉病斑边缘宽0.5厘米的健皮。病疤要连续涂药，用药充分涂刷于病疤处，7天后再重复涂一次，连续涂2年。以下病疤表面涂抹药剂供参考：5波美度石硫合剂、5%菌毒清水剂50倍液，果树康油膏S.921发酵液、农抗120、70%甲基托布津可湿性粉剂等防治腐烂病都有明显效果。

（3）枝干喷药。每年5月上旬至6月上旬和11月上旬为园内分生孢子活动高峰期。5月初和11月初用5%菌毒清水剂50倍液喷洒直径3~4厘米以上的大枝；可大大降低发病程度。

（4）病斑刮除后，还可以桥接恢复树势。

6. 红富士苹果树，有两块地同在一天打药，有一块落叶一块没落叶，是怎么回事？

导致苹果落叶多是褐斑病和斑点落叶病为害所致。至于两块地表现落叶症状不同，可能是因为不是同一种病或树势本身的差异所致。首先应鉴定属于何种病，然后采取措施对症下药即可。

7. 如何防治苹果褐斑病？

褐斑病又称绿缘褐斑病，该病主要为害叶片，也可侵染果实和叶柄。叶片受害，病斑表现三种类型：①同心轮纹型，叶片初期出现黄褐色小点，逐渐扩大成圆形暗褐色病斑，后期病叶变黄，病斑周缘仍然保持绿色晕圈，病斑中央产生黑色分生孢子盘，排列成同心轮纹状。②针芒型，病斑黑色微隆起，似针芒状向外扩展，病斑小、数量多，常常遍布全叶。后期病叶变黄，病斑周围仍保持绿色晕圈。③混合型，病斑大，暗绿色，近圆形或不规则形，边缘黑色针芒状。后期病叶变黄，病斑中央多为灰色、四周为黄色，病斑上散生黑色小点，边缘仍保持绿色。果实受害，开始在果面出现淡褐色圆形小斑点，逐渐扩展成圆形或不规则形、黑褐色、凹陷病斑，表面散生黑色小点，皮下浅层果肉褐色干腐、呈海绵状。病菌以菌丝体、分生孢子盘、或子囊盘在地面落叶上越冬。第二年雨季来临后借风雨传播，叶背气孔侵入。7月下旬至8月份是田间发病高峰。

根据咨询者当地的具体条件，建议：①落花后7～10天开始喷药，喷洒2～3次，每次间隔15～20天。选择的药剂有：4%农抗120果树专用型600～800倍液、70%三乙膦酸铝和代森锰锌合剂800倍液或70%代森锰锌可湿性粉剂500倍液；②生长季节喷波尔多液3～4遍，每次间隔15～20天。

8. 苹果树斑点落叶病如何防治？

苹果斑点落叶病又称褐纹病，在各苹果产区都有发生。属轮斑病菌强毒株系，半知菌亚门真菌，系苹果链格孢的强毒株系侵染所致。主要为害苹果叶片，是新红星等元帅系苹果的重要病害。造成苹果早期落叶，引起树势衰弱，果品产量和质量降低，贮藏期还容易感染其他病菌，造成腐烂。

发病特点：以菌丝在受害叶、枝条或芽鳞中越冬，翌春产生分生孢子，随气流、风雨传播，从气孔侵入进行初侵染。以叶龄20天内的嫩叶易受侵染，30天以上叶不再感病。分生孢子一年有两个活动高峰。第一高峰从5月上旬至6月中旬，导致春秋梢和叶片大量染病，严重时造成落叶；第二高峰在9月份，可再次加重秋梢发病的严重度，造成大量落叶。

防治方法：

（1）农业防治。及时中耕锄草，疏除过密枝条，增进通风透光。落叶后清洁果园，扫除落叶。

（2）药剂防治。重点保护春梢叶，根据春季降雨情况，从落花后7~10天开始喷药，喷洒2次，每次间隔15~20天。效果较好的药剂有：3%多抗霉素水剂500倍液，10%多氧霉素1 000~1 500倍液，4%农抗120果树专用型600~800倍液，以上3种药属生物制药，对果树真菌性病害具有治疗效果，是发展绿色有机农业的首选绿色农药。5%扑海因可湿性粉剂1 000倍液，70%三乙膦酸铝和代森锰锌合剂800倍液或70%代森锰锌可湿性粉剂500倍液。

（3）生长季节喷叶片保护剂波尔多液3~4遍，每次间隔15~20天。

9. 如何防治害虫造成的苹果树落叶？

为害苹果树叶严重造成落叶的害虫主要有山楂叶螨、金纹细蛾。以下防治方法供参考。

（1）山楂叶螨又叫山楂红蜘蛛，在我国各苹果产区均有发生，为害寄主有苹果、桃、李、杏、山楂等多种果树，叶片受害后叶面出现许多细小失绿斑点，严重时全叶焦枯变褐，叶片变硬变脆，引起早期落叶。我国北方苹果区一年发生 6 ~ 9 代。以受精后的雌成螨在树皮缝内及树干周围的土壤缝隙中潜伏越冬，当花芽膨大时出蛰活动，苹果落花期为出蛰盛期，是防治的关键时期。展叶后转到叶片上为害，并产卵繁殖。每年 6 ~ 7 月份发生量最大，为害也最严重。山楂叶螨一般喜在叶背面为害，并有拉丝结网习性，卵多产在叶背面的丝网上。高温干旱的天气适合其繁殖发育。防治措施：①刮除粗裂翘皮、树皮，消灭越冬成螨。②保护利用天敌。天敌对害螨的控制作用非常明显，在药剂防治时，要尽量选择对天敌无杀伤作用或杀伤力较小的选择性杀螨剂，以发挥天敌的自然控制作用。③抓越冬成螨出蛰盛期和第一代卵孵化盛期喷药防治，防治适期掌握在麦收前，防治指标百叶平均 2 头，可选择药剂有 50% 硫悬浮剂 200 倍液及 0.5 度波美石硫合剂。生长季可选用的药剂有：15% 哒螨灵乳油 3 000 倍液、15% 扫螨净乳油 2 000 ~ 3 000 倍液、20% 螨死净乳油 2 000 ~ 3 000 倍液、5% 尼索朗乳油 2 000 倍液、99% 机油乳剂 200 倍液、5% 卡死克乳油 1 000 倍液等。

（2）金纹细蛾主要为害树中下部叶。以幼虫在叶背表皮下取食叶肉，使被害部位仅剩下表皮，外观呈泡囊状，后期虫斑呈梭形，长约 1 厘米，下表皮与叶肉分离。泡囊状斑约黄豆大小，幼虫潜伏其中。严重时，1 叶片上有 10 个左右潜虫泡囊，使全叶扭曲皱缩至表皮干枯、破碎，使光合作用等生理功能受阻，导致提早落叶，影响树势。在北京地区每年发生 5 代，3 月下旬至 4 月上旬始见越冬代成虫，至 10 月下结束。防治措施：清除销毁落叶，消灭被害叶上的越冬蛹。成虫发生期，利用性诱剂诱杀雄成虫，干扰交配，压低虫口数量（每亩均匀分布悬挂 8 个性诱剂盆，注意及时补水和更换诱芯）。越冬代成虫和第 1 代成虫高峰期，轮换使用 20% 除虫脲 2 500 倍液、5% 氟幼灵 1 500 倍液、25% 灭幼脲 3 号 1 500 倍液进行防治。连片苹果园最好能统防统治，以提高防效。

10. 苹果树发生了介壳虫怎么防治?

在我国北方为害苹果树的介壳虫主要有朝鲜球坚蚧、大绵蚧、梨齿盾蚧、康氏粉蚧、草履蚧、桑白蚧、褐盔蜡蚧等，其中前4种介壳虫在局部地区为害猖獗，且有继续扩散蔓延的趋势，给苹果树生产造成较大损失。防治方法如下。

(1) 植物检疫。介壳虫类害虫若虫和雌成虫无翅，绝大多数在植株上营固定生活，靠风力、雨水等传播，长距离随苹果苗木、接穗和果品调运而扩散，所以在调运苗木、接穗和果品时，严格执行检疫制度是防治该类害虫的重要措施之一。

(2) 保护天敌。介壳虫的天敌主要有红点唇瓢虫、黑缘红瓢虫和跳小蜂、短缘毛蚧小蜂等，主要发生期为5～7月份，正值介壳虫若虫为害盛期。因此生长期果园避免使用高毒、高残留、残效期长的广谱性杀虫剂，以保护和利用好生物天敌。

(3) 农业防治和人工防治。通过增施有机肥等措施加强果园肥水管理，增强树势，合理负载，提高树体抵抗力；合理密植和修剪，改善通风透光条件；在整形修剪时，剪除介壳虫寄生严重的枝条；萌芽前后，在主枝下环状涂抹机油与杀虫剂的混合物或黏虫胶防虫带，阻止若虫上树为害；进行果实套袋时，切记将袋口封严实，防止康氏粉蚧等钻入。

(4) 化学防治。推广应用有选择性的低毒、低残留内吸杀蚧剂，抓住防治的关键时期及时防治，即可达到较好的防治效果。①休眠期(苹果树落叶至芽萌动前)用5波美度石硫合剂或5%柴油乳剂或95%机油乳剂50～80倍液均匀喷洒树体。②苹果树芽萌动期用40%速蚧克800倍液或25%蚧死净乳油800倍液等加害立平1 000倍液均匀细致喷洒树体。③卵孵化盛期和1～2龄若虫期(洋槐树花期)此期刚孵化的若虫体壁柔软，虫体弱小，耐药性差。轮换交替使用40%速蚧克800倍液或25%蚧死净乳油1 000倍液加害立平1 000倍液等药剂。

11. 苹果套袋后如何用药?

果树套袋后，多种病虫害进入了全年的侵染高峰期和发生盛期。果树套完袋后主要的病虫害有：山楂叶螨、二斑叶螨、金纹细蛾、苹果褐斑病、轮纹炭疽病等，防治不力往往能使果树大量落叶、果实腐烂，造成不可挽回的损失。因此，果树套袋后要使用针对性强的农药及时防治，轮换用药，对症用药。

（1）山楂叶螨、二斑叶螨。俗称红、白蜘蛛，防治适期掌握在麦收前，防治指标百叶平均 2 头，可选用药剂有：15% 哒螨灵乳油 3 000倍液、15% 扫螨净乳油 2 000 ~ 3 000 倍液、20% 螨死净乳油 2 000 ~3 000倍液、5% 尼索朗乳油 2 000倍液、99% 机油乳剂 200 倍液、5% 卡死克乳油 1 000倍液等。

（2）金纹细蛾。金纹细蛾是为害苹果叶片的主要害虫，第一代虫口数量较少，以后各代逐渐增多，以第二代（6 月上旬）和第三代（7 月上旬）为害最重，也是药剂防治的关键时期。成虫发生期，利用性诱剂诱杀雄成虫，干扰交配，压低虫口数量，每亩均匀分布悬挂 8 个性诱剂盆，注意及时补水和更换诱芯。越冬代成虫和第 1 代成虫高峰期，轮换使用 20% 除虫脲 2 500倍液、5% 氟幼灵 1 500倍液、25% 灭幼脲 3 号 1 500倍液进行防治。

（3）苹果褐斑病。套袋苹果重点在幼果期喷药防治，苹果褐斑病是苹果中后期严重为害叶片的病害，苹果褐斑病最喜欢侵染的叶片是已长成的功能叶片或衰老的叶片。主要发病部位为树冠内膛和下部，田间发病一般从 6 月上旬开始侵和叶片潜伏，到 7 月下旬至 8 月份时雨水较多，成为发病高发期，严重时 9 月份叶片全部落光。防治褐斑病必须坚持以预防为主、治疗为辅的策略方针。苹果套完袋后立即喷一遍波尔多液，隔 15 ~20 天喷第 2 遍，生长季节不能少于 3 次，这样可以有效的保护叶片，防止病菌侵染，防止落叶。进入 8 月份中下旬，建议不再喷施波尔多液，以免污染果面，影响苹果上色。

（4）轮纹炭疽病。防治关键从幼果期开始，病原菌来自树上的僵果、病枝、病果苔以及地下的病果，病菌随着雨水的飞溅，传播到果实上去，侵染进果实后潜伏至果膨大期便开始发病，造成烂果，炭疽病果上产生的病菌孢子可以再次侵染其他健康果实，造成发病。一般落花后10天喷第1遍杀菌剂，隔15～20天喷2遍，7月15日以后直至8月中下旬再喷三遍，轮换使用75%代森锰锌可湿性粉剂1 000倍、30%多菌灵胶悬剂800倍、64%杀毒矾可湿性粉剂1 000倍、防治效果均在90%以上。6～8月喷波尔多液，可以和杀菌剂交替使用，间隔15～20天喷1次，生长季节不能少于3次。

（二）梨

1. 如何防治梨黑星病？

春季及时摘除发病新梢，秋季清除越冬病源；花后7～10天后打杀菌剂，隔15天再打一次杀菌剂；药剂可选用50%多菌灵可湿性粉剂1 000倍、25%多菌灵可湿性粉剂500倍、70%甲基托布津1 000倍；根据咨询者的情况，6月底后喷1∶3∶240式波尔多液，每20天一次，喷2～3次，效果很好。

2. 西洋梨腐烂病（图2－1）如何防治？梨坐果差的原因？

图2－1　西洋梨腐烂病（为害茎部）

(1) 西洋梨本身抗腐烂病能力很差，特别是结果后更易感病。防治措施：① 加强栽培管理，科学施肥浇水，增施有机肥，合理修剪，适量留果，增强树势，以提高抗病力。②加强树体保护，减少伤口。对修剪后的大伤口，及时涂抹油漆或动物油，以防止伤口水分散发过快而影响愈合。③从幼树期开始，坚持每年树干涂白，防止冻伤和日灼。④及时刮除病疤，经常检查，发现病疤及时刮除，刮后涂以腐必清 2 ~ 3 倍液，或用 5% 菌毒清水剂 30 ~ 50 倍液，或用 2.12% 843 康复剂 5 ~ 10 倍液等，每隔 30 天涂一次，共涂 3 次。⑤每年春季发芽前喷 5 度石硫合剂，生长季喷施杀菌剂时要注意全树各枝干上均匀着药。

(2) 西洋梨坐果不好，根据咨询者的情况，主要是花期高温、大风，影响了昆虫授粉并使花期缩短，造成授粉受精不良。

3. 梨表面患病有黑点，慢慢腐烂（图 2 - 2），已用过黑斑病及炭疽病的药不见效果，请问该怎么办？

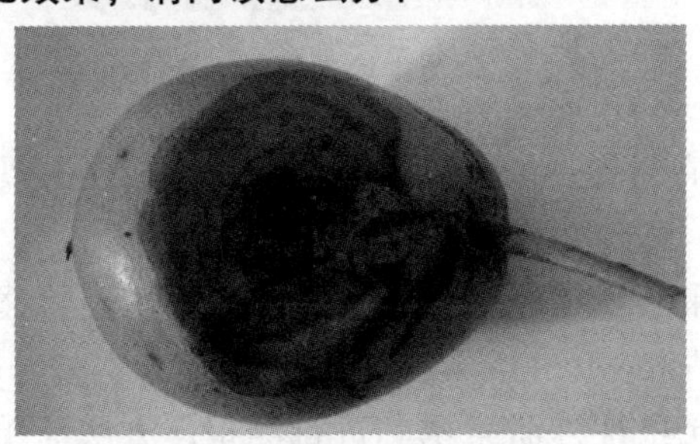

图 2 - 2 梨轮纹病果实为害状

根据咨询者的具体情况，可能是梨轮纹病引起的，其与黑斑病和炭疽病症状相近。果实染病后在 32 ~ 36℃ 时腐烂最快，经 5 天全部腐烂。防治方法如下。

(1) 生长期喷药保护，一般从花后 7 ~ 10 天后喷一次杀菌剂，隔 15 天再喷一次杀菌剂；80% 敌菌丹 400 倍液、50% 多菌灵可湿性粉剂1 000倍；生长季节喷1∶3∶240式波尔多液3～4遍。

（2）以25%多菌灵粉剂4、8、16倍液加2%平平加或2%柴油渗透剂，在主干距地面20厘米，宽5厘米处涂环，可显著降低果实轮纹病和炭疽病。涂药前，轻轻刮去粗皮，涂药后用塑料膜包扎。在北方从5月1日起，每隔20天涂抹一次，至8月10日结束。

4. 梨小食心虫（图2－3）的无公害防治方法有哪些？

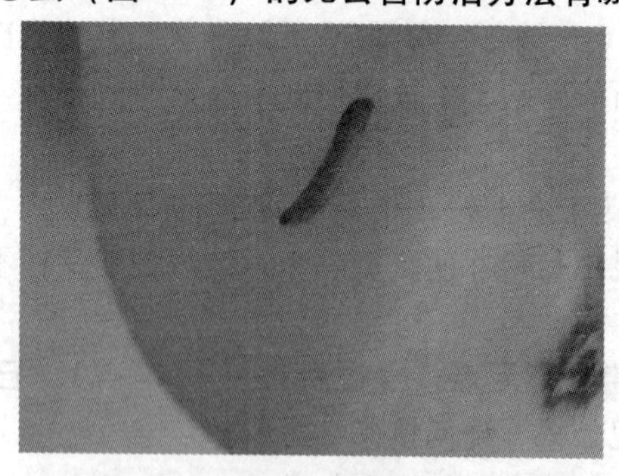

图2－3　为害果实的梨小食心虫

（1）加强梨小食心虫蛀梨梢的早期防治，注意观察梨园蛀梢现象，结合摘心、夏剪及时剪除被害新梢。

（2）后期果实套袋。进行果实套袋时，切记将袋口封严实，防止梨小食心虫钻入。

（3）利用昆虫性外激素诱芯进行测报，方法简单易行，灵敏度高。将市售橡胶头为载体的性诱芯，悬挂在一直径约20厘米的水盆上方，诱芯距水面2厘米，盆内盛清水加少许洗衣粉。然后将水盆诱捕器挂在果园里，距地面1.5米高。自4月上旬起，每日或隔日记录盆中所诱雄蛾数量。一般蛾峰后1～3日，便是卵盛期的开始，马上安排喷药。在蛾（成虫）高峰期喷25%灭幼脲1 500～2 000倍。

（4）利用昆虫性外激素诱芯直接诱杀成虫，每亩均匀分布悬挂8个性诱剂盆，注意及时补水和更换诱芯。

5. 如何防治梨木虱?

根据咨询者当地的情况，该虫越冬代成虫（图2－4）在3月上中旬开始出蛰、产卵，第1代卵在3月下旬开始孵化，此时是防治越冬代成虫及第1代卵的关键时期。4月下旬（梨落花后）孵化率达98.06%。此时卵已孵化且尚未分泌黏液是防治的关键时期。3月上中旬和4月下旬是用药关键时期，用药1～2次，只要喷布及时、均匀、周到即可控制全年为害。

图2－4　梨木虱成虫

惊蛰期后（3月上中旬）防治越冬成虫，药剂选择1.8%阿维菌素5 000倍；

花后（4月下旬）防治第一代幼虫，1.8%阿维菌素5 000倍＋1 000倍洗涤灵喷雾。

6. 晚秋黄梨叶片上长黑斑，正反面长透，并不断扩大至整个叶片直至落叶，是什么病?

根据咨询者的具体情况看，是梨黑斑病。梨黑斑病是日韩梨、雪花梨上的一种常见病害。从近几年引进的新品种来看，黄金、圆黄、大果水晶发病较重，而绿宝石、黄冠较轻。以下措施供参考：

（1）清洁果园，减少越冬菌源，在梨树落叶后至发芽前，清除果园的落叶、病果，剪除病枝，并集中烧毁。

（2）加强栽培管理，增施有机肥，增强树势，提高树体的抗病能力。

（3）化学防治。花芽膨大期喷5°石硫合剂；在4月初花序散开时，再喷0.5°石硫合剂。喷农药时，要把树干、树盘周围都喷严，谢花后7天喷第一遍药，隔15天再喷第二遍药，防治效果较好的药剂有1.5%多抗霉素400～500倍液；10%的多氧霉素1 000～1 500倍液。结合防治其他病害，在生长期每隔15天喷1遍1：3：240式波尔多液，共喷3～4遍，可有效地控制病害的发生。

7. 皇冠梨的“鸡爪病”有没有特效药预防？

鸡爪病是黄冠梨独有的一种生理性病害，发生原因分析如下。

（1）缺少微量元素。在果实表皮细胞形成过程中，对硼、锌、钙三种元素的需求是最多的，而这几种元素恰恰是北京地区土壤中最缺乏的。土壤供给远远不能满足树体及果实的需要，从而出现“鸡爪病”。

（2）有机质含量低。重施化肥而轻菌肥及农家肥，使土壤有机质和有益菌群减少，土壤板结，肥料利用率低。

（3）不良气候的影响。果实膨大期低温、阴天、光照不足等气候条件是“鸡爪病”发生的诱因。

（4）其他因素。受粉不良，果袋通透性差，含有毒物质的果袋等原因，也容易引起“鸡爪病”。

“鸡爪病”只能综合预防，等到出现时任何方法都不会起到很好的效果，预防综合措施如下。

（1）补充锌、硼、钙、铁等营养元素。可结合秋季施肥混合施入美国硼砂集团生产的优力硼锌肥200克/亩加瑞士汽巴公司生产的瑞绿3～5克/株，花前2～3天和盛花期喷施两次汽巴瑞培硼1 500倍液，落花后和套袋前喷施两次安泰生800倍，套袋前及采摘前一个月喷施瑞培钙2 000～3 000倍液等，可有效补充果实生长所急需的硼、锌、钙等元素，防止“鸡爪病”的发生。

（2）施用家园益微菌剂，增加土壤有益菌数量，提高肥料利用率，增强保水保肥能力。秋施肥及果实膨大期亩施500克/亩，配合在生长季两次喷施益微菌剂2 000倍，可防除各种病害，起到促产增质的作用。

（3）做好授粉工作。适当推迟套袋时间，促进果皮发育及老化，增强果皮对不良环境的适应能力。在选择梨袋时，要用通风性好的果袋。

8. 梨树不明不白的死去，先是叶子发黄，叶片小，挖开树根明显看到根上有瘤子一样的东西，大根上也不生长毛细根，还有的树根已经腐烂掉了，是什么原因？

这是典型的根瘤病导致的死树，可采用下列方法根治。

（1）定植前对苗木进行严格消毒。栽植前最好用抗根癌剂（K84）生物农药30倍液浸根5分钟后定植，或用石灰乳（石灰：水=1：5）蘸根或用1%硫酸铜液浸根5～10分钟，再用水洗净，栽植。

（2）发现病株后，挖除重病和病死株，及时烧毁。

（3）轻病株可用抗根癌剂（K84）生物农药液灌根。

9. 近期套袋鸭梨出现黄粉虫，喷施什么药物较好？

黄粉虫钻袋后不解袋一般药剂效果均不好，除了有熏蒸效果的有机磷类，但使用有机磷类药物一是存在农药残留，二是在高温下使用容易出现药害，导致落叶，因此，建议使用35%乳油赛丹1 500倍液，效果较好。

10. 雪梨、鸭梨再有一个月就要采收了，发现套袋梨里面有康氏粉蚧，用什么药防治效果好？

康氏粉蚧已经钻袋就不太好防治了，可以喷施40%速扑杀乳油1 500倍液。

11. 如何防治鸭梨康氏粉蚧?

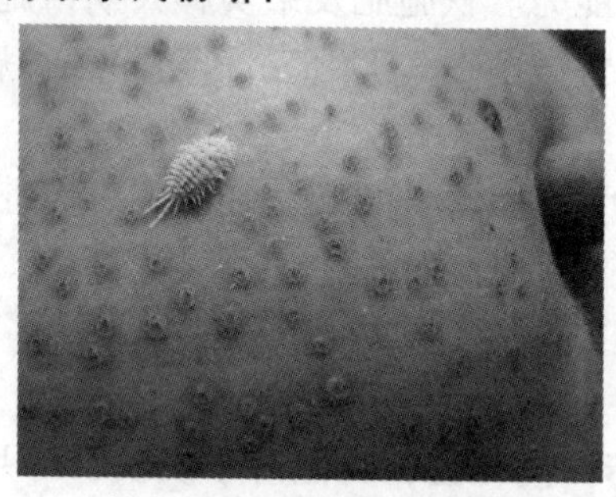

图 2-5　梨康氏粉蚧

康氏粉蚧属于同翅目，粉蚧科。又名梨粉蚧、李粉蚧、桑粉蚧。一般一年发生三代，以卵和若虫在树干粗皮裂缝、散落在果园的套袋病虫果、根际周围的杂草、土块、落叶等隐蔽场所越冬。以成虫和若虫吸食嫩芽、嫩梢及果实的汁液为生。套袋前主要为害嫩芽、嫩梢，造成叶片扭曲、肿胀、皱缩、致使枝枯。套袋后钻入袋内为害果实，群居在萼洼和梗洼处，分泌白色蜡粉，污染果实，吸取汁液，使果实失去商品价值和食用价值。防治方法如下。

（1）清园：细致刮除粗老翘皮，清理旧纸袋、病虫果、残叶及干伤锯口。

（2）发芽前：喷布波美5°的石硫合剂消灭越冬的卵和虫。

（3）套袋前（5 月上旬洋槐树花期）：此时正值一代卵孵化盛期，幼虫聚集在一起尚未扩散。喷40%速扑杀乳油 1 500倍液。

（4）在喷药时注意喷雾要细致均匀，尤其是树冠中下部及内膛。

12. 梨褐斑病如何防治?

（1）冬季清园，收集病叶烧毁，实行深翻，深埋落叶。

（2）加强果园肥水管理，增强树体抗病能力。

（3）结合防治其他病害，在落花后 7 ~ 10 天，喷 50% 多菌灵可湿性粉剂1 000倍液、75%托布津可湿性粉剂1 000倍液、50%扑海因可湿性粉剂1 000倍液或40%多硫合剂500倍液，最好连续喷2次，间隔15～20天。在病害盛发期喷洒1：3：240式波尔多液，共喷3～4遍。

（三）桃

1. 防治桃树天牛有什么方法?

传统的防治方法有果树枝干涂白，防止天牛产卵；在成虫羽化盛期，中午时人工捕捉成虫；虫孔塞杀虫药片后涂泥裹塑料地膜密封，效果更好。

2. 如何防治桃疮痂病、褐腐病?

（1）桃疮痂病又名桃黑星病，关键要加强早期防治，落花后5～7天马上喷药。65%代森锌400～500倍液、72%农用硫酸链霉素可溶性粉剂3 000倍液、80%大生M－45可湿性粉剂600倍液，以后每隔15天左右喷一次，共喷三四次，交替使用上述药剂。

（2）桃褐腐病发病较重的园，在初花期、落花后和落花后2周，各喷一次65%代森锌可湿性粉400～500倍液、50%多菌灵可湿性粉800倍液、50%速克灵可湿性粉1 500倍液、70%甲基托布津可湿性粉1 000倍液、50%扑海因可湿性粉1 000～2 000倍液。在果实成熟前一个月再喷一次。

（3）加强桃树的综合管理，增强树势，提高树体抗病力。增施有机肥和磷、钾肥，控制氮肥，对黏重土壤增施马粪或铺沙子，或施GM生物菌肥，配使硫酸钾复合肥以改良土壤；及时疏花疏果，合理负载；及时进行生长季修剪，防止枝叶过密，使之通风透光，以减少发病。

3. 如何防治桃树桑白蚧壳虫?

根据咨询者的具体情况，桃树桑白蚧壳虫，落叶后或发芽前，枝条上的越冬雌虫显而易见，可用硬毛刷或竹片刮掉越冬成虫，用波美5°的石硫合剂涂抹有虫枝干；春季发芽前或升温前，全株喷布2～3°石硫合剂；在若虫孵化期（露地洋槐树花期、温室落花后20天）可喷布下列药剂：25%扑虱霸可湿性粉剂1 500～2 000倍液，或用20%杀灭菊酯乳油2 500～3 000倍液、40%速灭蚧1 000倍液、40%速蚧克800倍液、速扑蚧杀800倍液2～3次即能达到防治效果。发生严重时可以在农药里加1 000倍洗涤灵防治。

4. 桃树根癌病有什么防治方法？

（1）选地势、土质适宜地块育苗或栽树，不重茬。

（2）苗木出圃时要严格检查，淘汰病苗。建园不栽病苗。

（3）果园更新，如必须在原地栽树，须在刨树后将病根拾干净，闲园或种植禾本科作物3年以上。为争取时间，可另择新地将果苗假植，集中管理，3年后移入原址。

（4）定植前对苗木进行严格消毒。栽植前最好用抗根癌剂（K84）生物农药30倍液浸根5分钟后定植，或用石灰乳（石灰：水=1：5）蘸根或用1%硫酸铜液浸根5～10分钟，再用水洗净，栽植。

（5）挖除重病和病死株，及时烧毁。发现病株后，轻病株可用抗根癌剂（K84）生物农药液灌。

5. 如何防治桃蓟马？

防治适期为蓟马为害初盛期，采用对水喷雾的方法施药，施药时应注意全面周到，药效持效期可达7～10天。防治蓟马可选用的药剂为：10%吡虫啉可湿性粉剂3 000倍液。

6. 不同时期桃树虫害的防治技术有哪些？

根据咨询者当地的具体情况，不同时期桃主要虫害防措施如下，供参考。

（1）桃树开花前。①防治桃蚜，及时细致地喷洒10%吡虫啉可湿性粉剂3 000倍液。②防治苹小卷叶蛾，喷25%灭幼脲三号1 500倍液，或用20%杀灭菊酯乳油4 000倍液。

（2）桃树落花后。①防治桃蚜，及时细致地喷洒啶虫脒（高温效果好）3 000倍液或吡虫啉可湿性粉剂3 000倍液。②防治苹小卷叶蛾25%灭幼脲三号1 500倍液，或用20%杀灭菊酯乳油4 000倍液。③梨小食心虫主要为害桃露地生长过程中的桃枝梢，用昆虫性外激素诱芯测报，在成虫发生高峰期，喷布30%桃小灵乳油1 000～1 500倍液，或用20%杀蛉脲悬浮剂6 000～8 000倍液、4.5%高效氯氰菊酯乳油2 500倍液、48%乐斯苯乳油1 500倍液。④金纹细蛾（桃潜叶蛾），轮换使用20%除虫脲2 500倍液、5%氟幼灵1 500倍液、25%灭幼脲3号1 500倍液进行防治。

（3）麦收前后。① 防治山楂叶螨，可喷15%哒螨灵乳油3 000倍液，或用20%螨死净胶悬剂2 000～3 000倍液、15%扫螨净乳油2 000倍液、25%三唑锡2 000倍液等。②在茶翅蝽（椿象）若虫发生期（约6月5日）喷药防治，药剂有30%百磷3号2 000倍液及20%速灭杀丁、2.5%功夫菊酯、2.5%溴氰菊酯2 000倍液等。

（4）落叶后或发芽前。防治桑白蚧壳虫，可用硬毛刷或竹片刮掉越冬成虫，或在若虫孵化期（露地洋槐树花期），可喷布下列药剂：25%扑虱霸可湿性粉剂1 500～2 000倍液，或用20%杀灭菊酯乳油2 500～3 000倍液、40%速灭蚧1 000倍液、28%蚧宝乳油1 000倍液。

桃树病虫害周年防治见表2－1。

表2-1　桃病虫害的周年防治表

时期	防治对象和用药	其他
休眠期（1月份）	越冬病虫	①对较大的剪锯口及时涂抹保护剂。②结合修剪，剪除病虫枝。③抹杀枝杈处、枯叶下的越冬害虫
休眠期（2月份）	越冬病虫	①对较大的剪锯口及时涂抹保护剂。②结合修剪，剪除病虫枝。③抹杀枝杈处、枯叶下的越冬害虫。④二月份刮出枝干上的老翘皮
萌芽期（3月份）	①有细菌性黑斑病、炭疽病发生的桃园，发芽前喷70%氢氧化铜可湿性粉剂1 000倍液。②其他桃园发芽前细致喷1次3°石硫合剂或29%石硫合剂水剂300倍	①清园。②结合疏花芽，掰除桃毛下瘿螨为害的虫芽，这是防治桃毛下瘿螨最关键措施。③3月下旬，主干缠胶带涂黏虫胶，阻止绿盲蝽等害虫上树为害
发芽后至谢花（4月份）	①发芽后，上年有黄叶病的桃树，用顶绿6 000倍液灌根（盛果期树每株每次60千克左右），开花前再灌第二次。②始花期，防治蚜虫、绿盲蝽、卷叶虫、梨小食心虫、潜叶蛾、扁平蚧、金龟子，喷10%吡虫啉3 000倍加2%杀蛾妙（0.1%甲维盐、1.9%高氯）2 000倍混合液。③落花后，防治蚜虫、绿盲蝽、卷叶虫、梨小食心虫、红蜘蛛等，喷10%一遍净2 000倍液加2.5%劲彪（高效氯氟氰菊酯）3 000倍液加10%螨除尽2 000倍液混合液。④有细菌性黑斑病的桃园，落花后喷药，选用33.5%必绿2号2 000倍液或20%龙克菌悬浮剂500倍液。⑤有炭疽病的桃园，谢花后喷药，隔10～15天喷1次，交替选用10%世高2 000倍液加25%阿米西达2 000倍液或60%百泰1 500倍液。⑥上年有黄叶病的桃树，用顶绿6 000倍液叶面喷施，隔10～15天，连续使用2次	
幼果期（5月份）	①细菌性黑斑病、炭疽病用药同4月份。②有疮痂的桃园，幼果脱裤后喷药，隔10～15天喷1次，交替选用10%世高2 000倍液或70%纳米欣1 000倍液或50%果然好（代森锰锌+多菌灵）800倍液或80%成标1 000倍液。套袋园喷到套袋前。③有桃果红斑病的桃园。幼果脱裤后喷药，隔10～15天喷1次，交替选用50%果然好800倍液、60%百泰1 500倍液。套袋园喷到套	剪除梨小食心虫、卷叶虫、瘤蚜被害梢，集中烧毁

（续表）

时期	防治对象和用药	其他
	袋前。④5月中旬防治绿盲蝽、桃蛀螟，轮换选用3.2%金鸣甲维盐1 500倍液或2.5%劲彪3 000倍液：有桑白蚧、康氏粉蚧的桃园，用5%蚧杀地珠1 000倍液或40%蚧星1 000倍液。⑤5月下旬，有毛下瘿螨（转芽为害）的桃园，轮换选用26%石硫合剂水剂1 000倍液或80%成标1 000倍液或10%螨除尽2 000倍液，7～10天防治一次，兼治为害桃果的夏心瘿螨。⑥5月底至6月初，根据村级测报高峰联防联治梨小食心虫，兼治卷叶虫、潜叶蛾、绿盲蝽。喷2.5%劲彪3 000倍液或3.2%金鸣甲维盐（0.2%甲维盐3%高氯）1 500倍液或2%杀蛾妙2 000倍液加50%金纹细蛾（20%除虫脲）2 500倍液或5%氟铃脲1 500倍液或25%灭幼脲三号1 500倍液	
套袋前（6月份）	①有细菌性黑斑病、疮痂病、炭疽病、果面红斑症的桃园同5月份。②防治褐腐病，套袋前喷1次，不套袋桃园采前45天喷1次，选用60%百泰1 500倍液或10%世高2 000倍液或55%升势（多菌灵，福星）800倍液或50%果然好800倍液。③防治食心虫、卷叶虫、潜叶蛾用药同5月份。④有康氏粉蚧的桃园，套袋前喷5%蚧杀地珠1 000倍液或40%蚧星1 000倍液。⑤6月中旬，有扁平蚧的桃园，喷5%蚧杀地珠1 000倍液或40%蚧星1 000倍液，连续防治2次。⑥防治毛下瘿螨、跗线螨和红蜘蛛轮换选用29%石硫合剂1 000倍液或80%成标1 000倍液或10%螨除尽2 000倍液，7～10天防治一次	及时剪虫梢，清除树上、树下的病、集中深埋30厘米以下
套袋后（7月份）	①有细菌性黑斑病、疮痂病、炭疽病、果面红斑症、褐腐病的桃园同6月份。②防治根霉软腐病，套袋果摘袋后，不套果采前7天，及时喷1次25%阿米西达2 000倍液或50%翠贝4 000倍液或25%凯润4 000倍液，兼治褐腐病。③防治食心虫、卷叶虫、潜叶蛾用药同5月份。④防治毛下瘿螨、跗线螨和红蜘蛛用药同6月份	①剪除梨小食心虫、卷叶虫、瘤蚜被害梢，集中烧毁。②主干缠胶带涂粘虫胶，阻止蜗牛等害虫上树为害
果实膨大至采收（8月份）	①有疮痂病、炭疽病、果面红斑症、褐腐病、根霉软腐病的桃园用药同6月份。②防治食心虫、卷叶虫、潜叶蛾用药同5月份。③防治毛下瘿螨、跗线螨和红蜘蛛用药同6月份	及时摘除树上的病虫果，连同树下的病、虫残果，集中深埋30厘米以下。②8月中下旬，主干绑草把，骨干上绑布条或废纸袋

（续表）

时期	防治对象和用药	其他
桃果采收前后（9月份）	①有果面红斑症、褐腐病、根霉软腐病的桃园用药同6月份。②防治食心虫、卷叶虫、潜叶蛾用药同5月份	及时摘除树上的病虫果，连同树下的病、虫残果，集中深埋30厘米以下
落叶前（10月份）	10月中旬，幼树防治浮尘子，喷3.2%金甲维盐1 500倍液或4.5%高效氯氰菊酯1 500倍液，发生量大的10月下旬再喷一次	10月下旬，桃树主干和骨干枝涂白（水30：生石灰8：盐1.5混合调制），预防日烧、冻害
休眠期（11月份）	越冬病虫	①对较大的剪锯口及时涂抹保护剂。②结合修剪，剪除病虫枝。③抹杀枝杈处、枯叶下的越冬害虫。④清园
休眠期（12月份）	同11月份	

7. 金龟子为害刚发芽的桃苗、樱桃苗，怎么防治?

（1）挂糖醋瓶：按红糖0.5份、食醋1份、白酒0.2份、水10份的比例混匀制成糖醋液。每亩挂5~10个装有100克左右糖醋液的罐头瓶，金龟子觅食糖醋液时即被淹死。隔3~5天更新一次新液，再行诱杀。

（2）地面喷药，控制潜土成虫，常用5%辛硫磷颗粒剂，45千克/公顷。撒施，使用后及时浅耙，或在树穴下喷40%乐斯本乳油300~500倍液。

（3）树上喷雾：常用2.5%敌杀死3 000倍液、50%辛硫磷1 000倍液。

8. 怎么防治桃小食心虫?

根据咨询者的具体情况，以下措施供参考。

桃小食心虫主要以幼虫为害果实，被害果蛀孔针眼大小，孔流出

眼珠状果胶，俗称“流眼泪”，不久干枯呈白色蜡质粉末，蛀孔愈合后成小黑点略凹陷。幼虫入后在果肉里横串食，排粪于果肉，俗称“馅”，没有充分膨大的幼果，受害后多呈畸形，俗称“猴头果”。被害果实不能食用，失去商品价值。防治桃小食心虫有以下方法。

（1）做好预测预报。①定树观测（出土期观测）。选上一年桃小食心虫发生较重的果树（中晚熟品种）或堆果场所附近5～10株。树下除净杂草耙平，而后在树平基部附近堆放几处砖石瓦块，于5月下旬～6月上旬开始观测是否有幼虫爬行，记好每天出土幼虫数量，当每天都有连续出土时抓紧在树下撒药，及时杀死出土的越冬幼虫。②性诱剂诱集法观测成虫高峰。按五点取样法，在果园中选取5株树，在1.5米高处挂一只小水桶或一个大碗，里面盛洗衣粉水，在距水面1.5厘米处悬挂一个桃小绣芯，每天调查记录1次诱蛾量。然后将碗中雌成虫捞出扔掉。以此数量变化，得出羽化期，盛期和末期，诱捕成虫高峰之后3～5天，是药剂防治的最佳时期，可预报防治。③糖醋液诱捕成虫预测预报。田间查果500～1 000个，查看果实着卵情况，记好后将卵挑破。当卵果率达到0.5%～1.0%时，可预报防治卵果率。计算公式：卵果率（%）＝卵果数÷调查果数×100。

（2）进行药物防治。①于5月下旬至6月上旬，第一场中到大雨后开始观测是否有幼虫连续出土爬行，抓紧树下撒药，杀死出土的越冬幼虫。可用25%辛硫磷微胶囊每亩0.5千克对水2 550千克，喷洒在地面上，然后用齿耙子浅搂。也可采用地膜覆盖地盘，闷死出土幼虫。②根据成虫发生盛期和虫卵期预测结果进行树上喷药防治，选用既杀成虫又杀幼虫，还杀虫卵，残效期长的药剂，25%灭幼脲3号悬浮剂2 000～3 000倍液，*Bt*乳剂500倍液均匀喷雾。

9. 桃树枝干上流黏稠的物质，是什么原因，怎么治疗？

根据咨询者的具体情况，此病应该是流胶病，一般多发生于主干和主枝杈处，初期病部略膨胀，逐渐溢出半透明的胶质，雨后加重。其后胶质渐成冻胶状，失水后呈黄褐色，干燥时变为黑褐色。严重时树皮开裂，皮层坏死，甚至枝干枯死。桃树流胶病的原因比较复杂，凡使桃树正常生长发育产生阻碍的因素都可能引起流胶，如病虫害、机械伤口、受冻等不良环境条件等。防治方法如下：

（1）加强管理、增强树势、增施有机肥，改良土壤，合理修剪，减少枝干伤口。

（2）清除被害枝梢，防治蛀食枝干的害虫，及时防治红颈天牛及小蠹虫，减少树体伤口。

（3）枝干涂白，预防冻害和日灼。树干涂白配方：生石灰 10 千克，石硫合剂 2 千克，食盐 1 千克，植物油 0.3 千克，水 40 千克。

（4）药剂防治：在发芽前和 11～12 月清园后，喷 3 波美度石硫合剂。休眠期对枝干上明显病斑刮除后涂上 100 倍抗菌剂 402 液或 2% 农抗 120 水剂 10 倍液进行消毒保护。生长季节结合防治桃褐腐病等病害，用 75% 百菌清可湿性粉 800 倍液喷布树体。落花后 7～10 天开始喷药，每 10～15 天喷药一次，连喷 3～4 次。

10. 桃缩叶病是什么症状？

桃缩叶病主要为害叶片，发病严重时也可以为害花、幼果和嫩梢。春季幼叶刚抽出就表现卷曲状，颜色发红；展叶后皱缩程度加剧，叶面凹凸不平，受侵染部位的叶肉增厚变脆，呈红褐色。春末夏初在病部表面长出一层银灰色粉末状物，这是病原菌的子囊层。最后病叶变褐，枯焦脱落。病叶脱落后，腋芽再抽出的新叶不再受害。新梢受害呈灰绿色，节间缩短，略肿，叶片丛生，严重的会使新梢枯死。花瓣受害肥大变长。果实受害变畸形，果面龟裂，易早落。

11. 桃树疮痂病如何防治？

（1）温室升温时，结合修剪，剪除病梢，并彻底清园。

（2）在发病初期，及时去除病果、病枝。

（3）注意通风，控制湿度。

（4）在温室升温前，用石硫合剂进行地面和树上喷洒。

（5）从落花后半个月开始进行喷药保护，可用以下药剂：25%多菌灵可湿性粉剂300倍液或65%代森锌可湿性粉剂500倍液或80%炭疽福美800倍液，每隔15天喷1次，连喷3～4次。上述药剂最好交替使用，以免产生抗药性。

12. 如何解决桃树缺硼问题？

（1）主要症状：桃树缺硼，幼叶会发病，老叶不表现病症。发病初期，顶芽停长，幼叶黄绿，其叶尖、叶缘或叶基出现枯焦，并逐渐向叶片内部发展。发病后期，病叶凸起、扭曲甚至坏死早落；新生小叶厚而脆，畸形，叶脉变红，叶片簇生；新梢顶枯，并从枯死部位下方长出许多侧枝，呈丛枝状。花期缺硼会引起授粉受精不良，从而导致大量落花，坐果率低，甚至出现缩果症状，果实变小，果面凹陷、皱缩或变形。因此，桃树缺硼症又称“缩果病”。缩果病有两种类型：一种是果面上病斑坏死后，木栓化变成干斑；另一种是果面上病斑呈水渍状，随后果肉褐变为海绵状。病重时有采前裂果现象。

（2）发生原因：土壤瘠薄、干燥或偏碱，以及土壤中含钙、钾、氮多时，油桃容易发生缺硼症。

（3）防治方法：①结合秋施有机肥，混合施硼砂，每株用量150～200克。②花期前后喷施硼砂400～600倍液。③避免过多施用石灰肥料和钾肥。

13. 大棚桃树细菌性穿孔病如何防治？

（1）清除病源。在大棚升温前，仔细剪除病枝、枯枝，集中烧毁，减少越冬菌源。

（2）加强管理，增强树势，提高抗病力，增施有机肥和磷、钾肥，减少氮肥用量，及时清除徒长枝，控制棚内湿度。

（3）药剂防治。桃穿孔病落花后7天开始喷72%农用硫酸链霉素可溶性粉剂3 000倍液、65%代森锌400～500倍液或80%大生M-45可湿性粉剂600倍液，以后每隔15天左右喷一次，共喷三四次，交替使用上述药剂。

（四）樱桃

1. 樱桃树体内有蛀虫该怎么办？

根据咨询者的具体情况，樱桃树体内蛀虫应该是红颈天牛的幼虫。相关防治方法如下。

（1）6月为成虫集中出现期，可在主干附近捕捉成虫。

（2）发现新鲜虫粪时即可在蛀道内用铁丝钩出幼虫，也可用棉球蘸敌敌畏原液少许塞入粪孔，然后用黄泥封严。

（3）5月底的成虫发生前，以生石灰10份、硫黄粉1份、水40份，加食盐少许制成涂剂，将主干、主枝涂白，防止成虫产卵，又可防病治病。

2. 樱桃生长季节发生流胶，涂抹石硫合剂和几种有机杀菌剂都不见效果，是什么原因？

樱桃流胶病分为真菌性流胶病和生理性流胶病两种。真菌性流胶病表现为：病部枝干皮层呈疣状隆起，或在皮孔周围出现凹陷病斑，从皮孔渗出胶液，常导致枝干枯死；生理性流胶病表现为：树皮开裂渗出胶液，流胶量大而多，胶液下病斑皮层变褐坏死。

防治措施：

（1）加强栽培管理：注重改良土壤，土质黏重地方，用土杂肥等进行改土。适当增施有机肥，严格控制氮肥过量，可按氮、磷、钾（2~3）：1：（2~3）的比例施肥。增强树势，提高树体抗病能力。

（2）保护树体：冬春季树干刷白，预防冻害和日灼伤，生石灰10份、石硫合剂2份、食盐1份、植物油0.3份、水40份，搅拌均匀后进行树干涂白；加强对桃天牛、桃蚜、桃瘤蚜、根系病害等病害虫防治，减少虫伤为害树皮，以降低发病率。结合冬季修剪，刮除病斑。冬季需剪除病枯枝干，集中烧毁，减少菌源。

（3）科学修剪：在树液开始流动至萌芽前修剪，短截、缓放、

回缩相结合。如果去大枝，应在采果后进行，并及时对伤口涂抹2%农抗120水剂10倍液。合理负载：花前疏去细弱枝和下垂枝上的花，坐果后疏去弱小果、畸形果，防止结果过量，树势衰弱。

（4）加强肥水管理：做好灌溉和排涝工作，地势低洼的地方，雨季及时排水，并可起垄栽培，以防涝灾。

（5）化学防治：①在发芽前和11～12月清园后，喷3波美度石硫合剂。②5月中下旬，揭掉流胶部位胶块，用刀沿枝干纵刻几刀，深度以不伤到木质部为佳。然后用45%果腐速克灵水剂5倍液或噻唑锌100倍液+腐必清100倍液均匀涂抹。如果流胶较严重，7月上旬再涂一次。连治2年，即可完全治愈。③在细菌性穿孔病发病初期即落花后7天，开始喷72%农用硫酸链霉素可溶性粉剂3 000倍液、65%代森锌400～500倍液，结合防治其他病害用70%大生M－45可湿性粉剂800倍液或50%多菌灵800～1 000倍液，每隔10天喷1次，连喷3～4次。

（五）葡萄

1. 葡萄白腐病防治关键是什么？

葡萄白腐病防治关键：

（1）在雨水、湿度过高时，最好铺黑地膜。

（2）花期前后开始喷第一次药，喷波尔多液3～4次。

（3）果粒着色期喷40%杜邦福星7 500倍液2～3次防效最佳，平均达95%。杀菌剂与波尔多液可以交替使用。

2. 葡萄白腐病如何防治？

（1）生长季及时剪除病果和病蔓，冬剪后彻底清园。

（2）重病园土壤含菌很高，可用灭菌丹进行地面喷雾消毒，最好铺黑地膜，即抑病菌随蒸腾流上升传染又可抑杂草生长。

（3）花期前后开始喷第一次药，以后每隔10～15天喷一次药，雨季喷药应加展着剂。果粒着色期喷40%杜邦福星7 500倍液2～3

次，波尔多液3~4次。杀菌剂与波尔多液可以交替使用。

3. 京亚葡萄苗，如何使用双氰胺？

双氰胺复合肥料的作用是可控制硝化菌的活动，使氮肥在土壤中的转化速度得到调节，减少氮的损失，提高肥料的使用效率，一般不常用。

建议生长期叶面喷300倍尿素，果实期喷300倍磷酸二氢钾。

4. 葡萄总是掉粒，然后一串一串的干茎，怎么办？

这是典型的葡萄白腐病的症状，此病主要为害果穗，有时新梢和叶片也被侵害。一般接近地面的果穗，其穗轴、果梗最先发病，受害部位初期出现水渍状的病斑，然后逐渐扩大，环绕穗轴，使其果粒软腐，震动时病粒容易脱落。叶片多在叶尖或叶缘处先发病，病斑初期为水渍状淡褐色近圆形或不规则的大病斑，其上呈现出深浅不同的褐色轮纹。

发病条件：白腐病病菌以分生孢子在感病组织中越冬，散落在土中的病残体便是侵染源，借风雨传播，从伤口侵入期为6~8天，在咨询者地区一般于5月下旬开始发生。发病早晚、轻重与降雨关系密切，雨季早，发病早；雨量大，发病重；雨季长，发病持续时间长。每逢雨后就出现一个发病高峰。特别是遇暴风雨或冰雹时，常引起大流行。

防治方法：

（1）生长季及时剪除病果和病蔓，冬剪后彻底清园。发芽前用5波美度石硫合剂喷布全园，铲除病原。

（2）重病园土壤含菌很高，可用灭菌丹进行地面喷雾消毒，最好铺黑地膜，即抑病菌随蒸腾流上升传染又可抑杂草生长。

（3）花期前后开始喷第一次药，以后每隔10~15天喷一次药，雨季喷药应加展着剂。果粒着色期喷40%杜邦福星7 500倍液2~3次，波尔多液3~4次。杀菌剂与波尔多液可以交替使用。

5. 葡萄叶和茎上出现黑霉状，请问是怎么回事?

根据咨询者的具体情况，应该是灰霉病，因为雨季提前和降雨量的增多，天气湿度大而发生严重。关键是要抓好生长期药剂防治，严格控制病害发生，开花前每隔 10 ~15 天连喷 2 ~3 次 50% 速克灵可湿性粉剂1 500 ~2 000倍液或3% 多抗霉素可湿性粉剂1 500倍液。或葡萄套袋后，每隔2 周喷 1 次半量式波尔多液，进入雨季后每隔 10 天连续喷布 50% 多霉灵可湿性粉剂1 500倍液或 90% 三乙膦酸铝可溶性粉剂 500 倍液或 10% 多氧清可湿性粉剂 1 000倍液，直至除袋，除袋后间隔 7 ~10 天细致喷布 50% 扑海因可湿性粉剂 1 500倍液与 3% 多抗霉素可湿性粉剂 400 倍液 2 次。能够有效地控制病害的发生。

6. 葡萄成熟期干叶是什么原因?

如果在叶片上出现不规则的干枯且干枯部位呈现深浅不同的轮纹状病斑就是白腐病所致，可在花期前后开始喷波尔多液 3 ~4 次。果粒着色期喷 40% 福星 7 500倍液 2 ~3 次防效最佳，杀菌剂与波尔多液可以交替使用。如果是整个边缘干枯就是缺钾所致，可喷施磷酸二氢钾 300 倍液，7 天一次，连续两次。

7. 玫瑰香葡萄正值收获期，叶片叶脉间（叶正面）生许多细小褐色斑点，有的连接成片，同时叶背褪绿，后干枯，有黑色霉层，叶缘锯齿处也干枯，有的有轮纹，病健部交界处呈水浸状，是什么病?

根据描述的症状，应该是黑痘和白腐混合发生，而且灰霉也开始侵染。萌发前喷洒波美 5 度的石硫合剂，在葡萄生长期，自展叶开始至果实 1/3 成熟为止，每隔 15 ~20 天喷药 1 次，药剂可用波尔多液、50% 多菌灵可湿性粉剂 1 000倍液，80% 代森锌可湿性粉剂 600 倍液，或用 75% 百菌清 750 倍液。发病时用 40% 福星 7 500倍液，交替使用 3 ~5 次。

8. 葡萄每年到雨季都烂许多，现在雨季来临，怎么办?

葡萄烂果主要是两种病害导致，白腐病和炭疽病。葡萄白腐病主要为害果穗，炭疽病主要为害果实。白腐病的发病时间一般在5月下旬，炭疽病一般在7月中旬开始发病，发生时期不同，但用药方面大致相同。

葡萄防寒出土后喷波美5度石硫合剂。生长季节及时喷施1∶0.5∶200的波尔多液、40%杜邦福星6 000~8 000倍液、80%代森锰锌500~600倍液、50%多菌灵800倍液、10%世高1 500~2 000倍液，交替使用3~5次。

对一些高度易感病品种或严重发病地区，可以采用套袋技术防病。

雨季用药要特别注意选择，应该使用残效期在17~21天的药物，每15天喷一次药。若施药间隔期中间降雨，视雨量大小，酌情缩短下次喷药天数。若喷药后即遇大雨，就在天晴后重喷一遍。若相邻两种药分别为碱性或酸性，则严格注意间隔时间，防止两种药酸、碱中和。同时，注意切忌延误喷药时间。

另外，可以结合栽培管理采取措施，降低烂果的发生。主要包括：及时中耕，以增加土壤的通透性，培壮树势；根据地块肥力流失情况和葡萄长势，适加肥量，肥少施、勤施；及时摘心、抹梢，以利通风透光；及时清除田间残枝、枯叶、病果等，减少发病病源。

（六）草莓、西瓜

1. 草莓枯萎病如何防治?

草莓枯萎病主要为害根部，发病病株黄矮，重者枯死，多发生在高温期，以苗期或开花至收获期发病为主。主要通过病株和病土传播，重茬地块或土质黏重、涝洼地都会加重病害的发生。草莓枯萎病应以防为主，综合防治，主要从以下几个方面着手：

（1）选用抗病品种，栽植健壮无病种苗。

（2）避免重茬。采用一年一栽制，倒茬轮作，或对重茬土壤进行消毒处理。轮作时，前茬不能是茄科等有共同病害的作物，有条件的最好进行水旱轮作，并施用充分腐熟的有机肥。在日光温室内种植，进行土壤消毒可以减轻病害的发生，针对咨询者当地情况，具体措施如下：在7~8月全年太阳辐射能量最大，气温最高的时期进行太阳能消毒处理。每亩增施2 000千克有机肥，70千克石灰氮，撒匀后翻入土中，然后南北起垄，垄宽60~70厘米，高30厘米，灌透水并保持垄沟中有较多积水后，再用白色旧地膜覆盖，密闭大棚一个月，利用高温杀死大部分病原菌。

（3）化学药剂防治。定植前，先用20%甲基托布津300倍液浸根5分钟；生长季发现病株及时拔除，集中烧毁，栽植穴用生石灰消毒；发病初期用多菌灵、福星、百菌清、波·锰锌、代森锰锌、扑海因、世高等药剂喷根茎部位或灌根，隔10天施用1次，共5~6次。

2. 70%嘧霉胺和37%苯醚甲环唑可以在温室草莓上使用吗？

这两种药都可以用于温室草莓病害防治。嘧霉胺主要用于防治灰霉病，是现在治灰霉病活性最高的药剂；苯醚甲环唑是广谱性杀真菌剂，可以防治包括白粉病、叶斑病、霜霉病、锈病等在内的多种病害，其中10%水分散粒剂（商品名：世高）是防治温室草莓白粉病的常用药剂。70%嘧霉胺和37%苯醚甲环唑有效成分含量较高，施用前注意稀释倍数。

3. 草莓芽枯病如何防治？

草莓芽枯病为土壤真菌性病害。主要为害花蕾、幼芽和幼叶，其他部位也可发病。为害症状表现为幼芽呈青枯状，叶和萼片形成褐色斑点，逐渐枯萎，叶柄和果柄基部变成黑褐色，叶子失去生机，萎蔫下垂，急性发病时植株猝倒。

致病菌为半知菌亚门的丝核菌，以菌丝体或菌核随病残体在土壤中越冬，以随病苗、病土传播为主。发病的适宜温度为22~25℃，肥水过大、通风不良易发病。露地栽培时主要春季发病；保护地温度高、湿度大，栽植密度过大容易导致病害蔓延。

防治方法：①该病主要由重茬引起，尽量避免在发病地区进行育苗和栽植草莓，必须重视土壤消毒，目前主要采用太阳能消毒，各项操作措施必须到位；②适当稀植，合理灌水，保证通风，降低环境湿度；③及时拔除病株，严禁用病株繁苗，病株拔除后远离种植地块，最好焚烧深埋，病穴内撒入少量生石灰或药剂处理；④药剂防治。适宜的药剂有多抗霉素、立枯灵、敌菌丹等，从现蕾期开始防治，7天左右喷1次，共2~3次。温室或大棚栽培可用百菌清粉剂熏蒸，7天熏1次，连熏2~3次。

4. 温室草莓个别植株上出现红蜘蛛，有的果上还有白粉，打翠贝不管用，用什么药好？

温室2月以后易发红蜘蛛，可以用阿维菌素等药防治，如果仅是个别植株发病，情况不严重，可以只在发病株周围1~2米打药。

翠贝主要用于白粉病的预防，发病后再用效果不明显，现在可以用腈菌唑与三唑酮交替施用。

5. 草莓蛇眼病如何防治？

（1）选栽优良品种，如戈雷拉、因都卡、明宝等。

（2）收获后及时清理田园，并将病叶集中烧毁。

（3）定植时去除病苗。

（4）发病初期可喷洒50% DT可湿性粉剂500倍液，或14%络氨铜水剂300倍液、53%可杀得2 000型可湿性粉剂800~1 000倍液进行防治。每隔7~10天喷1次，连喷2~3次。

6. 大棚草莓白粉病如何防治？

（1）适时防治。开花前要喷药预防2次，开花后在发病初期立即喷药防治，严重发病田块要连续用药防治2~3次。

（2）药剂选择。腈菌唑、世高防效好，对草莓生产安全，可大面积使用，使用12.5%腈菌唑和10%世高以1 500倍液为好，生产上不宜盲目提高浓度，特别是腈菌浴，高浓度下会对草莓生长产生不利的影响。根据多年的经验，大棚草莓的防治要以预防为主，不宜长期单独使用同一种农药，要交替使用，以利提高防效，防止病害产生抗药性。

7. 草莓灰霉病如何防治？

（1）选用抗病品种。

（2）早春及时清除枯枝枯叶，发病初期摘除感病花序，剔除病果，减少菌源；合理密植，平衡施肥，并适当控制浇水，防止植株旺长和园内湿度过大；采用塑料薄膜或柴草覆盖地面，避免果实直接接触潮湿土壤。

（3）药剂防治。从花序显露开始，选用200倍液等量式波尔多液、50%代森锌500倍液、50%敌菌灵600倍液、75%百菌清600～800倍液、50%速克灵或70%甲基托布津800～1 000倍液、10%多氧霉素可湿性粉剂100～150克/亩加水75千克、50%扑海因可湿性粉剂100～135克/亩加水75千克等药剂，每隔7～10天喷一次，共喷3～4次。防治大棚或温室草莓灰霉病，可采用抑菌灵熏蒸，每立方米空间用药0.1克。

8. 如何防治草莓重茬病？

（1）更换种植方式，提倡一年一栽。

（2）更新地表土层。一般前茬草莓栽培二三年后，把草莓用地的旧土层20～50厘米挖出取走、全部换成没种过草莓的新土。

（3）改良用地土壤。在每年草莓采摘完毕之后，就开始对草莓园地土壤进行逐年改造。一是在本地块内加大有机肥投入量，多施如圈肥、厩肥、沼气池沼渣、沼液锯末及腐熟的鸡粪等，二是进行土地深耕。

（4）利用太阳能处理土壤。在7~8月全年太阳能辐射能量最大，气温最高的时期进行太阳能消毒处理。当田间露地及大棚温室内草莓收获后，连根清除带病毒的植株和杂草。为了提高土壤有机质，提高消毒效果，可以每亩增施2 000千克有机肥，70千克石灰氮，撒匀后翻入土中，然后南北起垄，垄宽60~70厘米，高30厘米，灌透水并保持垄沟中有较多的积水后，再用白色旧地膜覆盖，密闭大棚一个月。高温月份，大棚内温度高达60~70℃，地表下40厘米处土温可升至50~60℃，通过一个月的高温期足以杀死大部分病原菌。

（5）用化学药剂对土壤消毒。常用的土壤消毒熏蒸剂有溴化甲基、棉隆等。另外，一种消毒剂不能长期使用，否则会使病虫害产生抗药性，消毒的效果也会随之降低。

9. 草莓根腐病如何防治？

（1）选无病地育苗，有条件的实行4年以上间隔轮作。

（2）施用充分腐熟的有机肥，增施磷、钾肥，避免偏施氮肥。

（3）高垄栽培，覆盖地膜，有利于提高地温，减少发病。

（4）雨后及时排水，严禁大水漫灌。

（5）对草莓疫霉引起的根腐病，应及时挖除病株，并浇灌64%杀毒矾可湿性粉剂500倍液或72%霜脲锰锌可湿性粉剂800倍液、69%安克锰锌可湿性粉剂1 000倍液进行防治，连续防治2~3次。

（6）对丝核菌引起的根腐病，可在发病初期喷15%恶灵水剂450倍液，或用20%甲基立枯磷乳油1 000倍液进行防治。

（7）对拟盘多毛孢属真菌引起的根腐病可于发病初期喷洒65%代森锰锌可湿性粉剂600倍液，或用70%代森锰锌干悬粉剂500倍液、80%代森锰锌可湿性粉剂800倍液等进行防治。

10. 草莓细菌性叶斑病如何防治？

（1）适时定植，培育壮苗。

（2）施用充分腐熟的有机肥，采用配方施肥技术。

（3）处理土壤。定植前每亩穴施50%福美双可湿性粉剂或40%拌种灵粉剂750克。方法：取上述杀菌剂750克，对水10千克，拌入100千克细土后撒入穴中。

（4）加强管理，苗期小水勤浇。

（5）发病初期喷洒72%农用硫酸链霉素可溶性粉剂3 000～4 000倍液，或47%加瑞农可湿性粉剂800倍液、53%可杀得2 000可湿性粉剂800～1 000倍液、60% DTM可湿性粉剂500倍液、50% DT可湿性粉剂500～600倍液等进行防治。每7～10天喷1次，连喷3～4次。采收前3天停止用药。

11. 草莓病毒病如何防治？

（1）发展草莓茎尖脱毒技术，建立无毒苗培育供应体系，栽植无毒种苗。

（2）引种时剔除病苗，不从重病区引种。

（3）加强田间检查，一经发现病株立即拔除并烧掉。

（4）从苗期开始治蚜防病。

（5）发病初期，喷洒1.5%植病灵乳剂800～1 000倍液，或83增抗剂100倍液、抗毒剂1号水剂300倍液、2%菌克毒克水剂200～300倍液等。每7～10天喷1次，连喷3～4次。

12. 草莓褐斑病如何防治？

（1）因地制宜选栽抗病品种。

（2）移栽前摘除种苗上的病叶，并用70%甲基托布津可湿性粉剂500倍液浸苗15～20分钟，待药液晾干后栽植。

（3）田间发病初期喷洒70%甲基托布津可湿性粉剂1 000倍液，或用40%多·硫悬浮剂500倍液、50%混杀硫悬浮剂600倍液、27%高脂膜乳剂200倍液加75%百菌清可湿性粉剂600倍液进行防治。每隔7～10天喷1次，连喷2～3次。

13. 西瓜死秧如何防?

以下措施供参考。

(1) 当西瓜秧长到30多厘米时，若发现瓜秧发生萎蔫时，可在根与茎的交叉处，用刮脸刀片（酒精消过毒）切一长2厘米、深4~5毫米的纵向小口，然后将紫皮大蒜切成2~4毫米厚的薄片，放在刀口处，埋上土并浇水，经过这样处理，可保证瓜秧不死。

(2) 每亩用尿素、磷酸二氢钾、白糖各50克，将三者混合后，先用适量温开水融化，再加水50千克（含温开水量）配制成混合液。从西瓜定苗开始，每7天用此混合液均匀喷洒瓜株茎叶1次，连喷2~3次，防效可在95%以上。也可在发病初期用此混合液进行灌根，每隔3天浇灌1次，连续3次即可。

14. 西瓜炭疽病如何防治?

(1) 苗期：发病初期及时摘除病叶，喷药保护，常用的药剂有：96%恶霉灵1 000倍，50%多菌灵可湿性粉剂500~700倍液、65%代森锌可湿性粉剂500倍、50%代森铵1 000倍液等，细致喷洒，每10天左右一次。

(2) 伸蔓以后，用1∶1∶240倍等量式波尔多液细致喷洒，每隔10天左右喷一次。

(3) 结果后用1∶2∶200倍量式波尔多液每10天左右一次。连续1~2次。此外70%代森锰锌500倍、72.2%普力克800倍、64%杀毒矾500倍、对其也有很好的防效。

15. 西瓜根有结疙瘩是什么原因，该如何处理?

西瓜根有结疙瘩，有可能是根结线虫。重病地块应彻底清除病根残体，可选用1.8%虫螨克乳油700~1 000毫升/亩对水均匀施于苗床，或施于定植沟或定植穴混土后再播种或定植。

（七）其他（柿子、枣、山楂、杏、李子、石榴）

1. 如何防治柿树柿蒂虫？

柿树初花期后7～8天（越冬代成虫羽化高峰期）喷25%灭幼脲3号2 500倍、20%灭扫利乳油2 500倍或高效氯氰菊酯2 000～2 500倍。7月中旬至8月上旬，防治第一代成虫（羽化高峰期）用药同上。打药重点部位是果实果蒂。6月中～7月中，人工摘除、拣拾被害形成的僵果，深埋。

2. 如何防治柿树柿绵蚧？

5月中旬，柿绵蚧出蛰盛期树上喷药扑虱灵1 500～2 000倍或40%速蚧克800～1 000倍兼治线灰蝶，喷时要细致周到。6月上中旬，柿绵蚧第一代卵孵化盛期，用药：25%扑虱灵乳油1 500～2 000倍或45%高效氯氰菊酯乳油2 000～2 500倍。打药重点部位：枝条、叶片、果实、柿蒂，兼治苹大卷叶蛾，茶翅蝽、叶蝉等。

3. 柿子树掉叶是怎么回事？

根据咨询者的具体情况，在夏季高温高湿时易发圆斑病、角斑病，造成柿子树落叶，防治措施如下。

（1）防治圆斑病可于柿子树落花后20～30天，喷施1次1：5：500倍波尔多液，或用30%碱式硫酸铜胶悬剂400～500倍液，或用80%代森锰锌可湿性粉剂800倍液，或用75%百菌清可湿性粉剂800倍液，或用70%甲基硫菌灵可湿性粉剂1 000倍液，或用65%代森锌可湿性粉剂500倍液，如降雨频繁，喷药半月后可再喷1次。

（2）角斑病用药保护要抓住关键时间，一般在落花后20～30天防治为宜。药剂可选用70%甲基硫菌灵可湿性粉剂1 500倍液，或75%百菌清可湿性粉剂800倍液，或用53.8%氢氧化铜悬浮剂900倍液，或用25%多菌灵可湿性粉剂600倍液，或用70%代森锰锌可湿性粉剂800倍液，或用50%异菌脲可湿性粉剂1 000倍液，或用40%

多硫悬浮剂400倍液，或用50%敌菌灵可湿性粉剂500倍液等药剂，每8~10天喷1次，共喷2次。建议交替使用上述农药。

4. 柿子“黑屁股”病如何防治?

（1）多施农家肥和钾肥，少施化学性氮肥。成年果树在果实膨大期前1个月，每株柿树施鸡粪2~10千克和硫酸钾肥、钙镁磷肥各0.1~0.2千克。

（2）在柿子幼果期每亩撒施石灰粉100千克和硫黄20千克，改良土壤促进微肥的吸收，该法可兼治炭疽病。

（3）叶面喷施或根施钙、钼、镁、铁等微量元素肥。亩根施锌、钼、钙、镁、铁等微量元素肥10~20千克。叶面施桂林高优农业中心复配的防治柿子黑屁股病的专用叶肥，从柿子开花前开始每月喷一次，连喷3~4次。

5. 新栽的枣树，小枣像小米粒似的，底下长出来的小叶是卷着的，里面有小虫，是什么虫，怎么防治?

根据咨询者的情况，可能是卷叶虫，应该掌握卷叶虫在幼龄期造成卷叶前喷药防治，一般在花前和坐果后各喷一次药，即可控制为害。或利用昆虫性外激素诱芯进行测报，一般蛾峰后1~3日，便是卵盛期的开始，马上安排喷药。在蛾（成虫）高峰期喷25%灭幼脲1 500~2 000倍。

6. 枣树枣疯病如何防治?

（1）选育抗病品种。注意发现和利用抗病品种，选育抗病品种是防治枣疯病的根本措施。

（2）铲除病株。枣疯病病株是传病的病源，必须及早铲除，并将树根刨净，以免传染其他植株。

（3）防治传病昆虫。每年喷施3~4次内吸性有机磷农药，控制传病昆虫的数量，以控制病害蔓延。

（4）选育无病苗木和加强检疫。坚持在无病园中采穗、接芽和繁殖苗木，培养无病苗木。苗木一旦出现发病症状，应立即将其拔除。另外要加强检疫，防止从发病区调苗、采穗。

7. 枣树小枝叶丛生、不长枣是什么原因？

这种症状是枣疯病，防治方法如下。

（1）严格检疫。选用无病砧木、接穗或苗木，不使用来自枣疯病严重发生区的枣苗建园。

（2）栽培技术措施。一是选用抗病品种，选用抗病品种的苗木、砧木或接穗。二是培育脱毒苗木，采用茎尖组织培养与热处理相结合的方法，脱除枣疯病植原体，获得无毒枣苗。三是新建枣园应尽量选择远离枣疯病发生严重的枣园和油松、侧柏、桑树、构树及泡桐等媒介昆虫乔迁寄主树种的地点。四是及时清除病树，生长季节查找疯枝，剪除病枝，并彻底刨除严重患病的枣树，同时清除酸枣病株。

（3）化学防治传毒的媒介昆虫。枣疯病通过2种叶蝉进行传播。防治中国拟菱纹叶蝉，在咨询者当地4月下旬枣树发芽时，喷布40%速扑杀乳油1 000倍液杀越冬卵，在5月中旬枣树开花前用10%氯氰菊酯乳油3 000～5 000倍液喷雾防治其若虫，6月下旬枣树盛花期后，用10%吡虫啉2 000～3 000倍液喷雾防治其成虫。防治凹缘菱纹叶蝉，5月中旬，在凹缘菱纹叶蝉进入枣园之前，应在桑树、构树上喷10%吡虫啉2 000倍液进行第一次防治；枣园中防治该虫的最佳时间为6月中旬、7月中旬和8月下旬，用80%敌敌畏乳油2 000倍液、20%灭扫利乳油6 000倍液、50%的西维因可湿性粉剂800倍液、50%杀螟松乳油1 000倍液交替使用。

8. 枣尺蠖如何防治？

早春挖蛹，树上绑塑料薄膜，阻止雌成虫上树，刮除老树皮，消灭虫卵。3～4月份，地面喷施50%辛硫磷乳剂500倍液，杀死出土成虫。4月下旬至5月上旬，用*Bt*水剂300倍液、5%氯氰菊酯3 000

倍液树上喷雾 2～3 次或 25% 灭幼脲 1 500～2 000倍，消灭 1～3 龄幼虫。

9. 枣锈病如何防治？

秋冬清扫落叶，消除病源，从 6 月中旬开始每隔 15～20 天喷 1 次 25% 粉锈宁 2 500倍液或倍量式波尔多液 200～300 倍液，共喷 3 次。

10. 山楂树叶子与果上都长满了黄色的"粗毛毛"，"一团、一团"的长得很密，是什么病，怎么解决？

根据咨询者描述的山楂病害症状，可能为赤星病。赤星病的防治方法如下：

（1）果园 5 000 米以内不能种植桧柏。

（2）如果果园周围有桧柏，早春在桧柏上喷波美 2～3 度石硫合剂或者 100～160 倍波尔多液 1～2 次。

（3）花前或花后在山楂树上喷 1 次 25% 粉锈宁 3 000～4 000倍效果很好。

咨询者的山楂树现在可喷 1 次 25% 粉锈宁 3 000～4 000倍，可以控制病情，但是不能解决病状了。

11. 山楂果实表面出现黑褐色硬痂是怎么回事？

可能是山楂白粉病，又称歪脖子或花脸，主要为害叶片、新梢及果实。以闭囊壳在病叶或病果上越冬，翌春释放子囊孢子，借气流传播进行再侵染。春季温暖干旱、夏季有雨凉爽的年份病害流行。偏施氮肥，栽植过密发病重。实生苗易感病。幼果染病果面覆盖一层白色粉状物，病部硬化、龟裂，导致畸形；果实近成熟期受害产生红褐色病斑，果面粗糙。防治方法如下。

（1）加强栽培管理。控制好肥水，不偏施氮肥，不使园地土壤过分干旱，合理疏花、疏叶。

（2）清除初侵染源。结合冬季清园，认真清除树上树下残叶、残果及落叶、落果，并集中烧毁或深埋。

（3）药剂防治。发芽前喷45%晶体石硫合剂30倍液。落花后和幼果期喷洒50%甲基硫菌灵·硫黄悬浮剂800倍液、50%硫悬浮剂300倍液，15~20天1次，连续防治2~3次。

12. 杏树发生蚜虫、介壳虫如何防治？

以下措施供参考。

（1）杏树蚜虫喷10%吡虫啉可湿性粉剂3 000倍液。

（2）杏树球坚介壳虫防治：在若虫孵化期（露地洋槐树开花时）防治，约6月上中旬连续喷药2次，第一次在孵化出30%左右时，第二次与第一次间隔1周。可喷布下列药剂：25%扑虱霸可湿性粉剂1 500~2 000倍液，或用20%杀灭菊酯乳油2 500~3 000倍液、40%速灭蚧1 000倍液、28%蚧宝乳油1 000倍液、速蚧克800倍液。

13. 杏树下部叶片卷曲干枯是何原因？

根据咨询者情况，主要是由于当地气候干旱、炎热及干热风造成下部叶片干枯。新叶由于生命力旺盛吸水、肥竞争力较强，所以不易干枯。解决办法：

（1）勤浇水。

（2）树下种植一些低矮植被或保留杂草，防止地表沙土经日晒灼伤树叶。

14. 李子树食心虫如何防治？

一是提前防治，在越冬幼虫出土期于树冠下的地面施药，将越冬幼虫毒杀，常用药剂有50%辛硫磷乳剂。二是虫害发生时及时喷药，严格掌握喷药时机，重点毒杀卵及初孵幼虫，常用药有50%杀螟松乳剂1 000倍液、20%灭扫利乳剂2500倍液、20%杀灭菊酯乳剂2 500倍液等。

15. 牡丹石榴树干里有肉虫怎么办?

发现新鲜虫粪时，即可在蛀道内用铁丝钩出幼虫，也可用棉球蘸敌敌畏原液少许，塞入粪孔，然后用黄泥封严。

(八) 综合

1. 熬制的石硫合剂发黄是怎么回事?

(1) 有可能与石灰质量或硫黄粉的质量有关。

(2) 熬制过程中化学反应需要火稳、火大，保持药液沸腾状态。硫黄粉下锅后长时间不开锅，不但会影响熬药度数，其药液颜色也会发黄。熬制良好的石硫合剂原液应是酱油色。

2. 如何防治云斑天牛?

一是人工捕杀。根据天牛咬刻槽产卵的习性，找到产卵槽，用硬物击之杀卵。经常检查树干，发现有新鲜粪屑时，用小刀轻轻挑开皮层，即可将幼虫处死。二是灯光诱杀成虫。根据天牛具有趋光性，可设置黑光灯诱杀。三是堵。当受害株率较高、虫口密度较大时，可选用内吸性药剂喷施受害树干。用80%敌敌畏50倍液注射入蛀孔内或浸药棉塞孔，并用泥封孔。或用溴氰菊酯等农药做成毒签插入蛀孔中，毒杀幼虫。

3. 如何防治桑白蚧壳虫?"糖醋液"对治疗果树飞蛾的效果怎么样?能否与农药"速蚧克"一起使用?

(1) 桑白蚧壳虫又名桃蚧壳虫，是桃、李、杏等林果类的主要害虫。防治桑白蚧壳虫可采取人工防治、药剂防治和生物防治等方法。人工防治是使用硬毛刷或细钢丝刷刷除寄主枝干上的虫体。生物防治可利用寄生蜂，以及瓢虫等捕食性天敌进行防治。药剂防治可用40%速蚧克乳油或用40%速扑杀喷施。防治时要注意，果树是否萌芽对用药浓度耐受性不同，萌芽前喷药，使用浓度以800倍液为宜，在萌芽后以1 500倍液为宜。

该虫的防治关键是掌握最佳喷药时期，一般在该虫初孵若虫分散爬行期实行药剂防治效果最好。生产上，在每年洋槐树开花时是防治该虫标志性时段，可对果树喷40%速蚧克乳油或用40%速扑杀1 500倍液，防效很好。也可以在果树花芽微露白期，全树喷施40%速蚧壳乳油800倍液，或喷3～5波美度石硫合剂进行防治。

（2）“糖醋液”可诱杀金龟子类成虫，是生产上常用的金龟子防治措施，但对果树飞蛾，即鳞翅目害虫的成虫，虽可以诱杀一部分，但防治效果不明显，可以利用其对飞蛾的诱集作用，进行虫情测报，为害虫的防治提供依据。

（3）“糖醋液”对蚧壳虫无效，因此，不能用于桑白蚧的防治。“速蚧克”是防治蚧壳虫的，二者不能一起使用。

4. 如何防治果树金龟子为害？

（1）刚定植的幼树，应用塑料网套袋，直到成虫为害期过后才去除。

（2）地面喷药，控制潜土成虫，常用5%辛硫磷颗粒剂，45千克/公顷。撒施，使用后及时浅耙，或在树穴下喷40%乐斯本乳油300～500倍液。

（3）成虫发生期，以糖醋液（红糖：醋：水＝1：4：16）放入园中，每间隔20～30米放1盆，加以诱杀。

5. 果树根癌病如何防治？

果树根癌病属细菌性病害，在桃、杏、大樱桃、山楂、葡萄、大枣、梨上经常见到根癌病的发生。果树感染根癌病后，侧根、须根减少，水分、养分流通阻滞，树势渐衰，叶薄色黄，结果少而小，严重时树体干枯死亡。

（1）发病原因：

①土壤质地及其pH值。黏土、排水不良或碱性土壤上的果树则

相对发病较重。

②土壤温度和湿度。果树根癌病菌发育适宜的土壤田间持水量为70%左右，温度为18～22℃。故果园多次浇水或连续降水都有利于病菌的传播流行。

③伤口侵入。根茎或根系的伤口有利于根癌病菌的侵入而发病。

④品种、砧木的抗性。选用抗性品种和砧木。

⑤苗圃地重茬使用。重茬地育苗，根癌病发生率明显增大。

⑥设施栽培的特殊环境。设施栽培的特殊环境，能较长时间保持适宜、稳定的温湿度，更有利于根癌病的扩展蔓延。

除上述原因外，树体修剪过重、负载量过大、地上部病虫害防治不及时、过量使用多效唑等所有能削弱树势、抑制根系生长的因素，都能诱发或加重根癌病的发生扩展。

（2）防治方法：

①选好地、用好苗。新建果园应尽量用沙壤土质或中性、微酸性土壤。选用无病或抗病砧木嫁接的根系完整的优质苗，栽植前抗根癌剂（K84）生物农药30倍液浸根5分钟，或用甲基托布津、或1%～2%硫酸铜液或根癌宁浸根10～20分钟后定植。

②增强树势，提高抗性。在深翻改土、增施有机肥的基础上，适时适量地进行追肥和叶面喷肥；要适时浇水，雨季及时排涝，防止果园积水。

③农事操作时注意保护果树，尽量减少伤口。在深翻追肥、中耕除草等过程中都要小心操作，同时要做好地下害虫、土壤线虫的防治，控制病菌侵入。

④药剂治疗。先刮除病瘤，集中烧毁，然后用1%～2%硫酸铜液或石硫合剂渣涂抹病斑消毒，并用100倍多效灵灌根；或用100～200倍五氯酚钠（或农抗120）进行土壤消毒。

第三章　作物栽培

一、栽培种植技术

（一）玉米

1. 京科系列玉米是否可以用苗后除草剂“玉农思”？

不同玉米对不同除草剂敏感程度不同，京科系列玉米可以用“玉农思”除草剂。但要注意两点：

（1）喷药时间必须在玉米5叶期以前。

（2）严格按除草剂说明用药，不要超量使用，防止发生药害。

2. 甜玉米春季和夏秋季种植可不可以用同一品种？可不可以一茬玉米春季播种栽培，等收获后再种一茬夏秋玉米？

（1）甜玉米在春、夏季可以采用相同品种。

（2）一般甜玉米生育期从种到采收需90天左右，想种植两季，需采用生育期短，70天左右的品种，或春季早播，覆盖地膜，及时采收后迅速种植夏茬，夏季适当晚收。鲜食玉米在北京可以种植两季。

3. 山东胶东半岛当地属丘陵地理和海洋性气候，想种内陆高产的玉米品种，咨询种植什么品种的玉米合适？

（1）内陆高产大穗型品种不一定适合胶东半岛种植，因为大穗型品种都需要高肥水地块，高水平管理才能获得高产。

（2）山东胶东半岛是海洋性气候，当地又是丘陵地区，往往土壤贫瘠，肥水管理跟不上，建议种植耐瘠薄，抗性强的品种，有望获得高产。

建议不要使用内陆高产品种，内陆高产品种培育环境与当地不同，很可能不适合地区种植，具体情况需进行引种试验。山东登海种业有很多适合当地栽培的品种。

4. 去年购买的玉米种子今年还能不能种？

（1）去年购买的种子今年还能不能种，主要取决于种子的发芽率，如果玉米种子保存条件好，发芽率还能达到85%以上，今年种植是没有任何问题的。发芽率低于85%，要根据具体情况决定播种量，按发芽率多少计算好，以便确保苗数达到该品种要求的种植密度。

（2）如何计算发芽率，建议有条件的可以按试验室方法做发芽试验，没条件或做不好的情况下，可以用最简单的方法，把种子混匀后，数出三个100粒，在播种前10天左右，找温暖的地方种上，待种子拱土或出苗时数一下就知道了。

5. 顺义农民咨询京科青贮516玉米品种的产量和抗倒伏情况？

（1）京科青贮516是北京农科院玉米中心培育的青贮玉米专用品种，参试对照为农大108，生育期比农大108长4天，青贮产量6～8吨，比对照增产10%以上。玉米籽粒产量一般在680千克左右。

（2）种植密度每亩4 500～5 000株为宜，自推广以来，该密度种植尚未发生过倒伏，应该说，该品种抗倒伏能力比较强。

6. 京科青贮516玉米种子在顺义李隧地区偏沙的土地上，地力又不是太好的情况下是否可以种植？一般产量是多少？

该品种在顺义李隧地区可以种植。该玉米品种是青贮专用品种，一般亩产5 000千克左右，具体产量要看土地的具体肥力情况及管理水平。

7. 咨询京科青贮 516 玉米麦收后是否可以种植？施肥有无特殊要求？

北京地区麦收后在 6 月 20 日左右播种是没有问题的，完全可以成熟。施肥无特殊要求。

8. 京科青贮 516 能不能做到既能打粮又能收青贮？它比农大 84 及东单 80 怎样？到底选种哪个品种合适？

京科青贮 516 参加区试的对照种是农大 108，是北京市农科院 2007 年东华北国审青贮专用品种，株高 310 厘米。该品种在北京市延庆县和大兴区都有试验证明：果穗长度在 27 厘米左右，亩产粮食 750 千克左右，因此，该品种可作为即能打粮食又能收青贮的好品种。农大 84 是北农大 2003 年审定的中晚熟大穗型玉米品种，株高 270 厘米左右，东单 80 是东亚公司 2007 年审定的中晚熟玉米品种，株高也在 270 厘米左右。以上两个品种都不是青贮玉米品种，其生物学产量均不如京科青贮 516 产量高。想种青贮玉米，还是选用京科青贮 516 为好。

9. 播种京科青贮 516 时，觉得籽粒偏小，每亩播种量只有 1.75 千克左右，怕苗不够，将来是否会影响产量？

每亩播种量达到 1.75 千克左右，数一下播剩下的种子，每 500 克籽能达到 1 500粒，田间出苗按 85% 的标准，1.75 千克籽能达到 4 463株/亩，该品种参加国家青贮实验时是农大 108 做对照，密度为 4 000株/亩。因此，基本满足种植密度，加强后期管理对产量不会有任何影响。

10. 京科青贮 516 玉米做青贮每亩留苗多少合适？现在已长 66 厘米高左右，每亩密度有 10 000株，能不能长好？

京科 516 是国审青贮玉米新品种，该品种参加国家青贮实验密度为 4 000株/亩，近几年推广密度可高达 6 000株左右/亩，（2009 年南郊农场）长势也较好，没有发生倒伏。根据几年推广情况看，4 500～5 000株/亩更为适宜，密度达 10 000 株/亩，倒伏风险非常大，建议尽快间苗，减少对土壤养分吸收，若 66.6 厘米左右行距，每 1 米留苗 4～5 株为宜，即株距保持 20～25 厘米。

11. 京单 28 玉米株高和穗位高分别是多少？产量及轴色、价格怎么样？

京单 28 玉米株高 2.3 米左右，穗位高（指结棒部位）85～90 厘米，轴色为粉红色，产量：京津塘区试，亩产 650 千克左右，2009 年零售价格为 6.5 元/500 克。

12. 京单 28 玉米是不是抗倒伏？产量能不能达到 500千克？

（1）一般年份，该品种株高在 2.3～2.4 米，穗位 85～90 厘米，抗倒伏能力非常强。

（2）品种产量情况，该品种三年区试产量均在 650 千克/亩左右，一般地块正常管理的情况下，亩产 500 千克是非常容易的。

13. 京单 28 种子的轴色和产量情况怎么样？

京单 28 种子的轴色是粉红色。产量情况，该品种三年区试产量基本稳定在 650 千克左右，栽培条件好的一般年份产 600～650 千克是没有问题的，条件差一点的产量应该稳定在 500 千克左右。

14. 玉米京单 28 品种是否属于京科系列品种？现在玉米长至 25 厘米左右，地里长出一些阔叶杂草，喷“玉米乐”除草剂是否可以？喷完除草剂后喷些叶面肥可以吗？

（1）京单 28 玉米品种不属于京科系列玉米品种。

（2）当前可以喷除草剂“玉米乐”进行除草，但要注意喷匀，严格按除草剂说明使用，尽量不要向玉米苗上喷，任何玉米品种向心叶喷药过量，都会有不良反应。

（3）打完除草剂以后喷施叶面肥是可以的。

15. 京单 28 玉米为什么株高 1.3 米左右就抽雄了？

土地干旱、温度高、地力太差以及病虫害和除草剂过量都有可能出现此现象。京单 28 株高本身只有 2.3 米左右，而且包装注明不要喷施矮壮素，据了解咨询者喷施了一种新型矮壮素“金得乐”，每亩用了一袋，因此，这个株高抽雄可能是喷“金得乐”造成的。

16. 京单 28 和京单 68 有什么区别？

两者轴色有差异，京单 28 是红轴，京单 68 是白轴，而且一般情况下京单 68 比京单 28 多两行籽粒。生物学特性上，京单 68 的生育期比京单 28 长 3 天左右，株高、穗位比京单 28 略高，而且气生根更发达，增产潜力更大些。此外，京单 68 更耐密植，一般适宜密度 4 500株/亩，因此，为了获得更高产量，应增强肥水供应。

17. 京单 28 玉米品种是春播还是夏播合适？收完小麦后是否能种？

京单 28 是京津塘审定的夏播玉米品种，生育期 95 天左右，收完小麦后，6 月底以前播种是完全没有问题的，可以放心使用。

18. 京科 25 玉米 5 月初是否可以种植？包装上注明的京科 25 伴侣为什么没有？

京科 25 玉米 5 月初可以播种，往后推一段时间，到 5 月底或 6 月上中旬播种更为适合。

京科 25 伴侣可以向种子经销商要。因为京科 25 伴侣是水剂制品，原供种公司担心长途运输泄漏而影响种子质量，因此在供货时，每袋种子（2 千克）配一袋伴侣统一配发给了经销商。

19. 种植京科25玉米3亩多地，正处于间苗、定苗期，约20多厘米高，出现顶部粘连，生长点的叶片展不开，裹在一起，像牛鞭子一样是怎么回事？对以后是否有影响，如何处理？

（1）玉米苗在短期环境不适、苗长的快，顶叶过嫩、温度偏高、叶片生长受阻，会粘在一起，出现牛鞭状。这种情况一般发生在苗期和大喇叭口期，不用防治，结合间苗掐掉该叶或拔除即可。除了上述原因，也可能是蓟马为害所致，出苗后应及时防治蓟马，可用10%吡虫啉可湿性粉剂，对水喷雾防治（严格按使用说明使用）。

（2）一般情况下，这种苗子对以后生长及产量影响不大，掐掉粘连叶片即可恢复生长，管理上注意不要偏施氮肥，应增施有机肥。

20. 京科25玉米喷了矮壮素后，会不会不结穗？会对玉米产量有多大影响？

为了防止玉米倒伏，生产上常在玉米9～12片时叶面喷施矮壮素，以缩短基部节间。如果按照使用说明喷施，一般不会使玉米减产。喷药过量或时间不对，造成玉米药害后会导致玉米生长缓慢，植株出现畸形，果穗畸形等，因而会对玉米产量造成一定的影响。其影响的大小，主要看药害的程度。

21. 6月24日播种郑单958玉米，株高30～40厘米，7～8片叶出了毛病，总是干叶，现在只有2片叶不干，心叶没有太大毛病，是怎么回事？

根据了解，咨询者的地每年都种玉米，没出现过此现象，土壤墒情也不差，播种时底肥用20千克/亩磷酸二铵，在玉米苗期喷过玉米除草剂“玉田乐”，综合分析判断可能是打除草剂用药过量出的毛病。建议浇水并喷叶面肥，磷酸二氢钾缓解苗情，观察一周后，新叶如果正常，就不会有太大影响。株高会比正常植株变矮一些，加强后期管理，对产量影响不会太大。

22. 农大84玉米品种6月中旬播种到现在大约60天，玉米长得不整齐，有的开始抽雄了，这种现象正常吗？

从抽雄时间上看，基本属于正常，一般春播玉米70天左右抽雄，夏播玉米60天左右抽雄，农户将春玉米品种晚春播，60天开始抽雄属正常。长得不整齐应是因地块干旱所致，也有可能是地力不匀所致。

23. 甘肃省张掖市山丹县山丹马场基地，无霜期100天左右，活动积温在1 800～1 900℃，是否可以种植极早熟玉米？

近年来国家极早熟玉米区域试验采用的对照种是冀承单3号，该品种春播生育期95天左右，需活动积温1 800～2 500℃，而且该品种已被甘肃省临夏州农科所引种，并通过了甘肃省审定，因此，极早熟玉米可以在当地种植。

24. 春玉米现在株高为30厘米左右，5～6片叶，多数玉米在叶片上出现不规则黄白色斑点，是怎么回事？

玉米出现黄白色斑点原因较多，大斑、小斑、褐斑好多种叶斑病均可致类似症状，根据农户所反映的情况，与灰飞虱为害玉米的时间和病状较吻合，可能是灰飞虱吸取叶片汁液后形成的不规则的白色斑点。应及时防治灰飞虱，主要喷施吡虫啉类杀虫剂。

25. 玉米长叉子是什么原因？会影响产量吗，该怎么办？

玉米长叉子，就是出现了无效分蘖，可以结合中耕除草，从侧面把它掰掉，也可以不管它，一般都是地力比较好，植株生长快，短时间高温等气候条件使生长点受阻才会出现，植株基部会出现1～3个分蘖。一般情况下不需要管它，分蘖可随植株生长逐渐退化掉，个别分蘖可能长到正常株的60%～70%的高度，雄穗分支上长出返祖穗，对产量影响不大。

26. 6 月 2 日播种的玉米当前长到 1.7 米左右，有 70%的植株开始抽雄，是否属于正常？

北京地区一般夏播玉米 6 月 20 日播种，8 月上中旬是抽雄吐丝期。6 月 2 日播种，到 7 月底（现在）有 70% 开始抽雄，离正常抽雄期还应有一周左右，可以说是正常的，到全部抽完雄穗，高度还能增加 40 厘米左右，应该说株高也属于正常范围。

27. 顺义区大孙各庄种植玉米品种浚单 20，因为播种时干旱，苗没有出齐，7 月初还能不能补种？

根据品种特性和田间状况，如果补种只能在 7 月 10 日前补种，或补种生育期在 90 天以内的其他生育期短的作物，可移栽该地中双株苗，效果较补种好。

（二）小麦

1. 小麦追肥浇水后麦苗全变黄了是怎么回事？现在还有方法进行救治吗？

主要是 4 月上旬强降温伴有大风所致，在不同地区、地块、夜间达到 -8 ~ -2℃的低温所造成的冻害。并不是追肥浇水的原因。在小麦心叶和分蘖节还没有完全冻死的情况下，可喷施 0.2% ~0.4% 磷酸二氢钾叶面肥，每亩用量 150 克，对水 30 千克，使小麦尽快恢复正常生长。另外应该加强管理，早抓早管，以促为主，结合浇水可增施 10 ~15 千克尿素/亩，促进分蘖的生长，提高分蘖的成穗率。要加快浇水后的中耕，锄划破土，增温保墒，减少小麦产量损失。

2. 河北省无极县农民家里种的冬小麦都冻死了，在 3 月 20 号播种了春小麦，在 4 月初出苗，春小麦种子生长期 90 天，问会不会遇干热风死亡，能不能成熟？当地通常播的玉米品种是“正单 958”，生长期 95 天，会不会影响秋玉米的播种期？

京津冀北部春小麦播种期应在 3 月上旬前结束，正常情况下，6

月20日左右成熟，全生育期90多天，不会影响下茬玉米播种。农户春小麦播种时间是略晚几天，但加强肥水管理，应该能够成熟，但籽粒饱满度可能较差。秋玉米种植郑单958，要看春小麦的具体成熟时间，若偏晚于郑单958播种期时，建议可以选比郑单958生育期短一些的品种，6月底以前播种是完全能成熟的。春小麦遇干热风会不会死亡，要看具体风灾情况而定。

3. 北京顺义小麦3月底可以浇返青水吗？

可以浇返青水，要根据小麦苗情、土壤墒情决定浇水量和浇水时间，如果小麦苗情较弱、群体不足并且土壤墒情较差，顺义地区可在3月20日左右开始浇返青水，并同时追施尿素5～10千克/亩；如果苗情正常而土壤墒情较差，可只浇水而不追施尿素。

4. 上年9月30号种植的小麦，到来年3月还是比较黄是什么原因？

麦苗发黄原因多，区别对待是上策。

小麦出苗后，常因病虫为害、肥害、渍害、遭遇恶劣气象条件或整地质量不高等诸多因素，导致生长发育严重受阻而出现黄苗。黄苗小麦长势弱、心叶小、根系差、生长缓慢，不利于安全越冬，最终导致减产。

因此，如遇有小麦黄苗，必须查清原因，区别情况，分类管理。

（1）整地粗放，不精细，种子不能和土壤充分接触造成的小麦黄苗。

对策：这样的田块应及时镇压，粉碎坷垃，或浇水中耕，踏实土壤，补施肥料，促使麦苗转绿壮长。

（2）秸秆还田的麦田，秸秆粉碎不彻底，麦苗悬根导致的黄苗。

对策：浇水，踏实土壤；增施氮肥，使种子根充分下扎。

（3）播量多，基本苗过大，气温高，麦苗旺长，田间郁闭，“苗挤苗”造成麦苗发黄。

对策：采用多效唑化控的措施抑制生长，同时，对于稠密“苗挤、苗黄苗胜似草荒苗”的局部，进行人工疏苗。

（4）由于麦田土壤盐碱较重造成的小麦黄苗。

对策：及时中耕松土，减少地面蒸发，防止返盐。也可采用灌水或开沟排盐法，降低土壤含盐量。

（5）麦田缺氮造成的植株矮小细弱，分蘖少，叶片发黄、叶尖枯萎，下部老叶发黄枯落。

对策：麦苗见黄时，用2% 尿素液叶面喷肥 2 次，每次间隔 1 周。若基肥氮素不足，可亩追尿素 10 千克。年后缺氮发黄，可于返青期亩追尿素 5 千克，拔节期再亩追尿素 15 千克。

（6）土壤缺磷造成小麦次生根极少，分蘖少，叶色暗绿，叶尖发黄；新叶蓝绿，叶尖紫红。

对策：对麦苗发黄地块亩沟施过磷酸钙 50 千克或磷酸二铵 15 千克，也可用 3% 过磷酸钙水溶液 60 千克进行叶面喷施，每次间隔 1 周，共喷 3 次。

（7）土壤缺钾的地块，发黄先从老叶的尖端开始，然后沿叶脉向下延伸，黄斑明显，呈镶嵌状发黄。黄叶下披，后期贴地，病苗茎秆细小瘦弱，易早衰。

对策：亩沟施硫酸钾 15 ~20 千克，或在叶面喷施 0.2% 的磷酸二氢钾溶液，喷施 2 ~3 次。

（8）由于喷施除草剂不当，造成的小麦黄苗。

对策：及时喷施调节剂、叶面肥或解毒药物如赤霉素，每亩用药 2 克对水 50 千克，均匀喷洒麦苗，可刺激麦苗生长，减轻药害。有条件的可以灌一次水，增施分蘖肥，以减缓药害的症状和为害。

（9）蚜虫、麦圆蜘蛛等害虫为害，吸食小麦叶肉组织营养，致使叶片发黄。

对策：用高效氯氰菊酯、吡虫啉、啶虫脒等药剂喷雾防治。

（10）小麦感染根腐病，根部腐烂，叶片出现病斑，茎秆枯死等。小麦返青后发病，表现为苗色发黄，株高参差不齐。

对策：用粉锈宁喷雾防治。

(11) 小麦纹枯病为害导致下部叶片发黄。

对策：用三唑酮、井冈霉素等药剂进行防治。

(12) 地势低洼或排水不畅麦田遇连阴雨，麦苗根部受渍害影响，地上部发僵，苗弱苗瘦，铁锈色，叶片发黄。

对策：畅通排水沟，及时排除田间积水。在适宜的情况下进行锄划散墒。

(三) 杂粮

1. 大兴庞各庄种早白薯（密薯），胶泥地，土质比较干，种前下了2天小雨，种植时是否还需要浇水？上茬玉米对下茬种白薯有没有影响？种完白薯后，能不能种植第二茬？

(1) 不管是栽薯秧还是直接种薯都应浇水，但胶泥地应及时松土散墒，不应过湿，过湿会使白薯地上部徒长，地下部发育不良。

(2) 上茬玉米对下茬白薯没有影响。但应注意增施钾肥，可使白薯更光滑，并且产量更高。

(3) 即使种再早熟的白薯也只能种一茬，不能种第二茬。

2. 上茬作物对下茬的甘薯有没有影响？甘薯上有特别小、像针孔一样的小孔是怎么回事？

(1) 北方春薯区一年一熟，常与玉米、大豆、马铃薯等轮作，对下茬甘薯没有影响，北京、河北、山东等地均有种植。

(2) 甘薯上若有小孔可能是被虫咬伤后形成的个别情况，所有病虫害目前没发现可以使甘薯形成大量小孔的。

3. 一般粮店能否买到转基因大豆？转基因大豆跟非转基因大豆外观上有什么不同？

(1) 一般粮店不能买到转基因大豆。

(2) 一般情况下，国产非转基因大豆蛋白含量较高，适合直接食用；转基因大豆单产量高，出油率高，一般用作榨取食用油。

外观上两种大豆有区别，非转基因大豆大多由农户直接用收割机收割，没有经过加工，杂质多，色泽不鲜艳，颗粒不匀称，转基因大豆则不同。肉眼观看如果大豆粒大，豆眼处颜色黑的是转基因大豆。

4. 目前杂粮比如小米、黑米、薏仁米有没有转基因的？

迄今为止，中国尚未批准任何一种转基因杂粮进入商业化生产，私自种植和销售均属非法，因此，目前没有转基因的杂粮。

5. 荞麦与黑荞麦的区别是什么？

荞麦与黑荞麦同属蓼科荞麦属。荞麦按其形态与特点可分为甜荞和苦荞两种。甜荞即普通荞麦，其淀粉含量高、香味浓、口感好；苦荞香味淡，略有苦味，故因此得名，其营养价值高于甜荞。苦荞又分为普通苦荞和黑苦荞。普通苦荞外壳为黄白色，黑苦荞外壳呈深黑色，籽粒黑色，故又名珍珠黑苦荞。询问者所提黑荞麦可能属于此种。

黑荞麦比普通荞麦营养价值、药用价值等都高，其中含有其他作物少有的芦丁、硒元素等，对于高血脂、高血压、高血糖有辅助治疗作用。

黑荞麦比普通荞麦产量高，由于其营养保健作用，近年其占荞麦种植面积中的比例有逐年增长之趋势。黑荞麦比较适宜于高寒地区种植，而普通荞麦适宜种植地区范围大，我国东北、华北等地区均用种植。

二、土肥管理

1. 玉米在盐碱地种植用什么肥料？

盐碱地对作物生长极为不利，严重的会造成植物萎蔫、中毒和烂根死亡，所以必须对盐碱地进行土壤改良。改良盐碱土的原则是要在排盐、隔盐、防盐的同时，积极培肥土壤。

增施有机肥能增加土壤的腐殖质，有利于团粒结构的形成，改良盐碱土的通气、透水和养料状况，分解后产生的有机酸还能中和土壤的碱性。可以施用有机肥料配合使用非碱性的化学肥料，用酸性化肥，如硫酸铵，过磷酸钙等。

2. 化肥撒施效果怎么样?

将化肥撒在田间地表，会造成化肥养分严重损失，同时又加重了环境污染，农作物也得不到相应的养分。化肥宜深施，这样既可以减少化肥的挥发损失，提高肥料利用率，有利于作物更好地吸收利用，同时又能减轻环境污染，达到增产增收和持续发展的效果。据试验，氮肥深施后平均利用率可由30%提高到40%，磷钾肥深施可减少风蚀的损失，促进作物吸收，延长肥效，增产率一般可达5%～15%。

做底肥时，深施的方法有两种：一是先撒肥后耕翻；二是边耕翻边将化肥施于犁沟内；以第二种方法更佳。要求施肥深度6厘米，肥带宽度3～5厘米，排肥均匀连续，无明显断条。

做种肥时，深施时要求种、肥间能形成一定厚度的土层，一般3厘米以上，以满足作物苗期生长的养分需求，可避免烧种、烧苗现象的发生。

做追肥时，深施在作物株行两侧的10～20厘米，采取开小沟或打洞的方法，深度为6～10厘米，肥带宽3厘米以上，施肥后注意覆土。

3. 土壤中的微量元素含量的测定可不可以用叶面肥中微量元素的测定方法来测定?

土壤中的微量元素含量的测定与叶面肥中微量元素测定方法不完全一样，区别：①土壤中微量元素的前处理比较复杂，需经过高压、低温、消煮等过程，而叶面肥的测定不需要上述的前处理过程。②叶面肥是作为一种商品，其含量测定得按国颁标准来做，也就是需要标准高，而且涉及到商品标准，需采用全国统一的测定方法才能对商品是否合格进行评判。

分析方法见国标中叶面肥微量元素测定方法。

4. 什么是缓控释肥，有哪些优点？

（1）缓控释肥料是缓释肥料与控释肥料的统称。按目前我国关于肥料的分类方法控释肥料应属于缓释肥料范畴，是缓释肥料中的新型产品。所谓“缓释”是对普通化肥（主要是氮肥）的快速释放的相对而言，即缓释肥料中养分的释放速度远小于速效性肥料，如尿素；所谓“控释”是指通过人为的措施，根据不同作物吸肥的规律预先设定其释放模式，使其养分的释放规律与作物吸收养分的特性相一致，从而达到提高肥效的目的，如树脂包衣尿素。简而言之，控释肥料就是可以人为地控制养分释放速度的一种缓释肥料，具有缓释和控释的综合功能。

（2）控释肥料的主要优点：

①提高肥料利用率。控释肥料集“缓释”与“控释”于一体，实现了肥料的养分释放与作物吸收养分同步，使化肥的养分发挥了最大肥效，从而避免了普通化肥那种固有的养分释放与作物吸收养分不同步而造成“各唱各的调”的不协调状况，既影响了作物生长又造成了养分流失。

试验和生产上应用结果证明，控释肥料养分利用率比普通化肥一般高30%以上。

②省肥、节约生产成本。控释肥料由于其养分的释放与作物吸收养分同步，能持续不断地供应作物需要，特别是当作物需要养分多时，它就能多供给，很好地满足作物需求，这种根据作物对养分需求而调整养分供应强度的能力，有效地促进了作物的生长发育。一般情况下，在比普通肥料减少10%～30%的情况下，产量可增加5%～10%，能实现节肥增产的目标。

③省工、降低生产成本。控释肥的释放期可以人为设定，可根据

生育期的长短制作不同释放期的产品，如60天、90天、180天或更长的时间。比如，夏玉米可用90天的，冬小麦可用250天的。在作物生长期间可以不追肥，简化了田间管理，节省了劳力和机械投入，降低了生产成本。

④利于配方施肥。生产控释肥料时，可根据不同作物特性生产各种专用肥料如夏玉米肥、春玉米肥、大白菜肥。各种专用肥其针对性强，可在肥料成分、用量比例上加以调整，以满足作物对大、中、微量元素的需求，还可以灵活地制作不同释放期的产品来适应不同作物不同生育期的生长发育要求，为配方施肥提供有利条件。

⑤节约资源、减少环境污染。控释肥料的养分利用率比普通化肥高，一般情况下，可节肥1/3。应用控释肥料可以节约大量的电、煤及天然气，同时又减少了养分流失，减轻了对环境的污染。因此，人们把控释肥料称为21世纪资源节约型、环境友好型的绿色肥料。

（3）使用控释肥料需注意：①制作时要注意根据作物的生长、需肥特性和土壤养分状况确定肥料配方、比例。②根据作物目标产量和土壤肥力水平确定用量。③要和速效肥料配合使用。当播种时地温低的时候，要施少量的速效性肥料（主要是氮肥），以满足作物苗期的需要。④施“S”型控释肥料时，可采用“接触施肥”方法，即将肥料贴近作物种子，这种施肥方式可以提高肥效。

5. 土豆施用当地制作的氯化钾是否会影响土豆生长与品质?

化肥氯化钾含氯和钾两种元素，都是作物生长必需的元素，适量施用对作物有利，过量施用则对作物有害。不同作物对氯的敏感度不同，施用含氯的肥料要根据作物种类不同而合理施用。土豆对氯是比较敏感的作物，用量多时会影响其产量，特别是会影响品质。钾素对土豆的生长和品质都有好处，是土豆不可缺少的主要肥料；土豆又适于在质地较轻的土壤上生长，而这种土壤往往缺钾，因此土豆施钾肥是取得高质、优质的主要措施之一。

硫酸钾、氯化钾是我国两种主要钾肥。硫酸钾对土豆是比较适用的肥料，但其价格比氯化钾贵且含钾量也比氯化钾低。鉴于上述情况建议用户：

（1）如是合格产品，用时要控制用量，最好做基肥，不宜做种肥和叶面肥。如有灌溉条件，可结合灌水，减轻氯离子为害。

（2）不宜在排水不良低洼地、盐渍土上施用。

6. 一般如何制造有机肥？

造粒方法有两种：一种是圆盘造粒，优点是成本低，设备简单；不足之处是一般硬度不够，易粉碎；另一种是挤压造粒，优点是做好的有机肥料不易粉碎，便于运输和机械施肥，不足之处是成本高。

另一种是不造粒，通过发酵后，除去水分（不易烘干，可以风干）后堆放。这种方式适于小规模生产，缺点是水分大、不便于运输和施用。

值得注意的是，无论哪种形式，在最初发酵时，都要选择好的菌种接种以加快发酵，提高有机肥质量。

7. 在传统的露地栽培中，能不能只使用化肥不使用农家肥，或者使用营养液来施肥？

传统栽培也好，现代农业也好，不使用有机肥，只使用化肥是可以的，单从农业增产的角度来说，合理使用化肥（如氮、磷、钾等平衡使用）也是可以的。如果从提高作物品质，如生产绿色食品方面而言，就要控制化肥的用量，若生产有机食品则不可用化肥，只能用有机肥。至于用营养液在露地栽培中应用，无论从农业成本上还是实际操作上都是不可取的，营养液多用在产值高的设施栽培上，如蔬菜、花卉等作物上。

8. 袋控肥是不是控释肥，控释肥有哪些类型？

（1）袋控肥是控释肥的一种，属于控释肥的一种类型。

（2）缓控释肥料依其缓控释性能可分为包膜型、包裹型、合成

型、化学抑制型和机械改良型等类型，当前在农业生产中应用比较广的是包膜、包裹型。袋控肥是通过特别的“包装袋”来控制养分释放的一种控释肥料，属于一种物理方式的调节。其机理是“包装袋”的孔径大小随着温度、水分的变化而改变，当温度增高、水分增加时孔径变大，养分释放的就多，反之则变少。一般而言，作物的生长和温度、水分的变化是一致的，这种肥料养分的释放与作物的吸收同步，既对作物生长有利，又对提高肥效有好处。

袋控肥的制作过程先是根据作物类型、吸肥特性来确定肥料养分的配方、比例进行混配，然后用“袋”包装起来，类似“袋泡茶”。养分释放还可通过袋的小孔多少来调节，根据作物生长季的长短来确定“孔”的数量和大小。

袋控肥多用于果树和蔬菜等作物。

三、病虫害防治

谷子地化学除草使用什么药剂以及剂量?

谷子地化学除草一般使用10%单嘧磺隆可湿性粉剂。农药国家研究中心和河北省农林科学院粮油作物研究所杂草室田间药效试验结果表明：10%单嘧磺隆可湿性粉剂250克/公顷，450克/公顷，900克/公顷对谷子地的双子叶杂草有较好的防除效果，对单子叶杂草仅有一定防效，试验剂量下对谷子安全，有增产作用。

田间使用10%单嘧磺隆可湿性粉剂用药量每公顷450克为宜，在单子叶杂草较多的地块，建议将单嘧磺隆与防除单子叶杂草防效较好的除草剂配合使用。

第四章　食用菌栽培

一、食用菌产业发展

1. 发展食用菌的前景如何？栽培什么食用菌市场前景较好？

（1）食用菌产业有很好的发展前景，主要依据是：

①消费市场的需求。拿北京来讲，北京中央粮油批发市场和新发地批发市场每天批发食用菌鲜品约 300 吨，北京锦绣大地批发市场每天批发食用菌干品约 100 吨（折合鲜品约 900 吨）（董校堂，2008），这 3 个一级批发市场全年批发食用菌（折合鲜品）40 余万吨。北京食用菌的巨大消费量可见一斑。巨大的消费市场、便捷的交通条件和良好的市场管理，使北京成为全国食用菌产品的第一大集散地和消费地，这为北京食用菌产业的可持续发展提供了前提条件。

②农民致富的需要。食用菌生产的经济效益比其他种植业高，种植一亩食用菌农民能获得纯收入 0. 8 万 ~ 2 万元，或者更高，投入与产出比可达到 1：（2 ~ 4）；食用菌项目见效快，少则半年，多则一年就能得到效益，是建设社会主义新农村首选的脱贫致富项目。

③节地节水符合国情。全国耕地受到城市化建设用地和绿化用地的挤压，耕地有逐年减少的趋势。食用菌的好多品种（如双孢蘑菇、金针菇、白灵菇、杏鲍菇、真姬菇等）可以进行工厂化生产，占用耕地少，周年生产，周年供应，适应发展都市型现代农业的需要。

北京地区水资源不足的。食用菌生产用水少，只在拌料、灭菌和出菇期需要一定量的用水，食用菌每亩平均用水量大约为 60 立方米，是大田作物（如小麦）用水量的 30%，是蔬菜用水量的 10%。对于

发展节水农业来说，食用菌产业无疑是很好的选择。

④各级政府的重视。由于食用菌产业的上述功能，已经得到中央和各级政府的重视，各级政府部门为食用菌产业立项投资，搞惠民工程，为食用菌产业发展注入了巨大活力。

上述因素都在很大程度上促进并且正在促进着食用菌产业的发展。

（2）根据市场的情况，农民可以先种植平菇、金针菇、香菇、黑木耳等，因为这些菇种好种、产量高、价格也不错。有经验后，可以再发展其他食用菌，如白灵菇、杏鲍菇、秀珍菇和灰树花等食用菌品种。

2. 如何发展食用菌生产？

（1）首先要考虑当地有没有栽培食用菌的原料，如棉籽壳、木屑、玉米芯等。原料就地取材，既方便，又能够获得好的经济效益。

（2）要掌握制种和栽培技术，避免损失。可以先进行学习，参加食用菌培训班，掌握基本知识，也可以到其他菇场看看，有初步技术后再搞。

（3）要从平菇开始搞，因为它好种，产量高，经济效益也好。在掌握平菇栽培技术的基础上，再发展其他食用菌。

（4）由小到大，积累经验，逐渐发展，而不要盲目上马。

（5）要考虑市场和销售的问题。生产的食用菌，主要批发经营，如北京地区，批发到中央粮油批发市场和新发地批发市场等。

3. 想在北京地区发展食用菌生产，如何操作？

可以从以下几点做起：

（1）首先要掌握栽培技术，这是发展食用菌生产的基础。

（2）其次做好市场调查，根据市场需求来发展，以便决定种植什么品种。目前看，种植平菇、香菇、金针菇和黑木耳等，经济效益都较好。

（3）在发展规模上，要由小到大，逐渐发展，以便积累经验，少走弯路。

（4）在市场上，以内销为主，以鲜销为主。

4. 在湖北荆门种植食用菌气候条件适合吗？能够人工种植的菌类都能生长吗？如果建一个大棚种植，大概需要多少资金投入？在技术方面应该注意什么？

（1）湖北荆门可以种植多种食用菌，如平菇、秀珍菇、双孢蘑菇、香菇、黑木耳、草菇、白灵菇、杏鲍菇和灵芝等，当地的气候都适合。不过，不同的品种种植的季节不同而已。

（2）一个最简易的大棚需要投资3万~5万元。如果质量好一点的，需要经费8万~10万元。

（3）在技术上，先要搞好制种。在栽培上要注意温度、水分、通风和光照等管理措施，在生产中还要加强食用菌病虫害的防治工作。

5. 河南洛阳适合种什么样的食用菌？如果要种一个大棚（温室），要求设备比较齐全，前期需要投入多少钱？

（1）河南洛阳可以种多种食用菌，如平菇、秀珍菇、香菇、金针菇、黑木耳、白灵菇、杏鲍菇、真姬菇、猴头菇等。在夏季也可以种植草菇和灵芝等。

（2）建造一个日光温室一般需要5万~8万元，再加上原料和人工费1万~2万元，前期需要投资6万~10万元。如果栽培规模小，也可以少用些钱。如果租温室或大棚也可以省些钱。

6. 仓库可否栽培食用菌？

一般情况下，仓库可以栽培食用菌，但要有适宜的通风、光照和浇水条件。

除香菇和黑木耳不适宜仓库种植外，其他大部分菇种都可以在仓

库栽培。如平菇、白灵菇、杏鲍菇、金针菇、双孢蘑菇、猴头菇等。当然，在栽培之前，要对仓库进行彻底清理和消毒，增设浇水设施，改善照明和通风条件，使之符合发展食用菌生产的需要。

7. 废弃矿道栽培食用菌，选择什么品种好，矿道内温度能达到多少度?

一般情况下，在废弃矿道内可以种植多种食用菌品种，如平菇、秀珍菇、金针菇、猴头菇、白灵菇、杏鲍菇、滑菇和双孢蘑菇等，其中以种植平菇、秀珍菇、金针菇和猴头菇效果最好。

以上这些菇种要求温度都在10～18℃，在废弃矿道内是容易达到这样的温度的（矿道内常年温度多数在15～18℃）。

8. 种什么菇有效益？用什么原料种？什么地方种好?

（1）目前栽种平菇、双孢蘑菇和金针菇比较有经济效益，投入与产出比达到1∶3，市场前景也很好。

（2）用棉籽壳、废棉、木屑、玉米芯和豆秸等都可以栽培平菇和金针菇。用稻草和麦秸秆可以栽培双孢蘑菇。

（3）在农村可以用日光温室栽培，也可以在林地设置小弓棚栽培，有的在山洞和房屋内栽培均可。

9. 能否利用林区废弃的树枝种植食用菌?

利用林区废弃的树枝可以种植食用菌。主要要抓好下列环节：

（1）应将树枝粉碎成木屑，颗粒直径大小0.5厘米左右。再加入其他的营养物质，如麦麸和石膏等，可以种植多种食用菌，如香菇、金针菇、黑木耳、白灵菇、杏鲍菇、真姬菇和猴头菇等。

（2）为了发展好食用菌，要有很好的组织形式，可以采取公司+农户的组织形式，或者采取食用菌种植合作社的形式。最好由区县和乡镇领导组织，统一制种和销售，由农民来种植。

（3）要有技术支持，要培训技术骨干力量，进行技术指导。

10. 利用果品榨汁后的果渣种植食用菌行不行？应该注意些什么问题？

（1）利用果渣可以种植多种食用菌。

（2）利用果渣种植食用菌要注意下列问题：

①在比例上要合理。不能全部应用果渣来种植，要有合理的比例，一般用果渣20%～30%，然后再对上70%～80%的其他栽培料，如木屑和玉米芯等。

②在栽培季节上，可以在8～10月制作栽培袋，在11月至翌年3～4月间出菇。如果在夏天生产，污染率较高。

③在含水量上，不要过大。一般以60%左右为最佳。

11. 农业和食用菌种植遇到干旱和半干旱气候，有什么方法可以解决干旱？

防止干旱种植主要有以下方法：

（1）进行土壤保墒，经常松土，防止水分蒸发。

（2）采用薄膜覆盖，保持土壤中的水分。特别在种植后、出苗前采用此种方法。

（3）加强水利工程建设，充分利用水源，凡是能够浇到水的，尽量浇到水。

（4）采取保护地的栽培方法，有利于抗旱保丰收。

（5）在栽培食用菌方面，要保持食用菌培养料60%左右的含水量，以保持正常出菇。

二、平菇栽培

1. 食用菌（含平菇）一级种培养基的配方和制作方法如何？

食用菌一级种用普通培养基就可以。

主要成分有：马铃薯200克，葡萄糖20克，蛋白胨5克，磷酸

二氢钾 3 克，硫酸镁 2 克，维生素 $B_1$10 毫克，琼脂 20 克，水 1 000 毫升。

一级种培养基制作方法：现以制备马铃薯综合培养基 1 000毫升为例，说明培养基的制作方法。马铃薯去皮，称取 200 克，切成薄片，放入锅内，倒入 1 200～1 300毫升自来水，加热煮沸 15～20 分钟，煮至马铃薯熟而不烂，用 4 层纱布过滤。在马铃薯汁液中加入琼脂 20 克，继续煮沸，不断搅拌，直到琼脂完全融化。此时加入事先称好的葡萄糖、蛋白胨、磷酸二氢钾、硫酸镁和维生素 $B_1$10 毫克，搅拌融化，放入烧杯内定容，补足水分至 1 000毫升，再用 4 层纱布过滤，去掉杂质。然后用漏斗把培养基装入试管，每支 18 毫米 ×180 毫米的试管，可放入 8 毫升培养基，塞上棉塞。

高压灭菌：装入手提式高压锅内，加热消毒，当蒸汽压力达到 0. 35 千克/平方厘米时，开启放气阀，放掉冷空气。当蒸汽压力达到 1. 05 千克/平方厘米（灭菌温度 121℃）时，开始计时，消毒 30 分钟。

摆成斜面：灭菌结束，蒸汽压力降低到零时，打开消毒锅盖，取出试管培养基，放在实验台或桌面上摆斜面，冷却后即形成一级种培养基。

2. 平菇的种植时间和种植技术如何掌握?

（1）种植时间主要在秋季，出菇在秋季、冬季和春季。有的进行反季节栽培，要利用耐高温品种。

（2）种植模式：主要采用袋式栽培。每袋装料（指干料）1～1. 5 千克。

（3）种植原料为棉籽壳和玉米芯等。栽培时，栽培料对上水，料水比为 1∶1. 2，含水量达到 60% 左右。为了防止菌袋污染，一般在拌料时，加入 1%～3% 的生石灰粉，以便增加碱性，避免杂菌生长。

（4）接种：装袋后，一般为生料栽培，不需要热力灭菌。接种量掌握在10%～15%。

3. 平菇出菇的温度和湿度要求如何？

种植平菇的出菇温度：一般品种在5～28℃都可以出菇，最佳出菇温度为8～17℃，在每年的10月至翌年的3～4月为温室和大棚的适宜出菇期。

种植平菇的湿度：平菇的菌袋含水量一般保持在60%左右最为合适，料水比为1∶1.2。出菇时，菇房的相对湿度保持在85%～90%，最高不要超过95%，为此菇房每天要喷水2～3次。

4. 平菇采完第一茬，接着长出小蘑菇就死是怎么回事？

平菇采收头茬菇以后，小蘑菇死亡有3种原因：

（1）直接向蘑菇栽培料上喷大水所造成。喷大水，栽培料变褐腐烂，生长出的小蘑菇就死了。这是小菇蕾死亡的主要原因。

（2）出现了尖眼婴蚊等害虫的为害，平菇的菌丝体受到伤害。

（3）出现了平菇黄斑病等食用菌病害的为害，造成死菇。

农户平菇死亡究竟由哪种原因造成，要调查清楚，找出原因，然后对症下药，进行预防和防治。

5. 中药废料种平菇，为什么不发菌？

中药废料种平菇不发菌主要原因是：

（1）全部培养料用中药废料，培养料pH值过低，酸度太大。

（2）碳氮比不合理，含氮量过大。

（3）培养料含水量高，透气性较差，影响平菇菌丝体的生长。

解决办法：

中药废料占全部栽培料的20%～30%，不能全用中药废料，其余的70%～80%要用棉籽壳和玉米芯等；在拌料时，含水量要保持60%左右；适当增加碳素物质，如棉籽壳、玉米芯等。

6. 污染的栽培原料经过堆制发酵，能否再用作种植平菇?

污染的栽培原料含有很多杂菌，消毒很难彻底，一般不要再应用种植食用菌。如果应用这种原料种植平菇，还会出现新的污染，造成新的损失。

如果一定要应用，可小规模试验，并且在栽培方法上要更加严格，控制发菌温度不要太高，要加强通风换气。

7. 平菇培养料堆制发酵的操作方法和对培养料养分有什么影响?

（1）堆制发酵2~3天后，当温度达到65℃左右，温度不再上升时，可以进行第1次翻堆。以后还要翻堆2~3次。堆制发酵时，含水量在60%~65%，培养料含水量过大，透气性差，对堆制发酵不利。

（2）堆制发酵不会降低培养料营养成分，堆制发酵后，增进原料中放线菌的活动，促进养分分解，有利于食用菌菌丝体的吸收和利用。

8. 平菇堆积发酵料为什么料温上不去，该怎么解决?

发酵料料温上不去，可能培养料含水量过大，或者透气性差，或者天气严寒所致。应采取下列措施：

（1）最好在阳光下堆积发酵。最好在春季、夏季和秋季进行堆制发酵，我国北方不要在冬季进行室外堆制发酵。

（2）培养料含水量不能过大，以60%~65%较为合适，不要超过70%。

（3）料堆要扎透气孔，以利于通风换气；在发酵料上部盖上塑料布，以利于增温保温。

（4）适时进行翻堆。

上列措施可提升料温至60~65℃，短时间能够达到70℃左右。

三、金针菇栽培

1. 金针菇每年在什么时候进行制种和栽培？如果金针菇菌袋气生菌丝生长过旺怎么办？

（1）金针菇一般在每年6月可以制作一级种，接着在7～8月制作二级种和三级种。9～10月接种栽培袋。

金针菇在日光温室出菇的最佳时间是每年11月到翌年的第一季度，出菇适宜温度是5～12℃。在5～9℃条件下，金针菇的品质最好。

如果是工厂化栽培，可以人为控制温度，一年四季都能够生产。

（2）金针菇菌袋气生菌丝生长过旺的解决办法：从用料上，使用麦麸量应从35%降低到20%左右，避免因氮肥过多而菌丝生长过旺；短期内可以把棉塞去掉，改盖薄膜，避免因氧气多导致菌丝生长过旺，使菌丝体在正常情况下生长。

2. 金针菇出菇管理怎样进行？

可以进行分期管理：

（1）在金针菇的催蕾期，控制温度在5～15℃，相对湿度95%左右，在原基分化时要有适当的光照条件，适当的二氧化碳浓度有利于出菇。

（2）在金针菇的子实体生长期，要保持温度5～12℃，空气相对湿度85%～95%。要适量通风换气，保持菇房二氧化碳浓度在（5～6）$\times 10^{-3}$，以便促进菌柄生长，抑制菌盖生长；出菇期不需要光照，或者很弱的光照条件，照度在200勒克斯以下。

四、黑木耳栽培

1. 黑木耳一级种的配方有哪些主要成分？

黑木耳一级种主要成分和其他食用菌一样，主要有：

马铃薯200克，葡萄糖20克，蛋白胨5克，硫酸镁2克，维生素$B_1$10毫克，琼脂20克，水1 000毫升。

2. 栽培黑木耳什么时间最好？

冬季制种，培养好所用的菌种，要在1～3月时接种到栽培袋中，在20～22℃条件下进行发菌培养。菌袋长满后，北方在4～5月摆入田间，夏季和秋季出耳采收。

3. 出菇的木段能否作为接种用？

一般情况下，出菇的木段不能作为菌种使用，必须使用常规菌种来接种。用出菇的木段接种，因为菌种生长势不强，并且含有杂菌，接种后发菌效果不好。

4. 段木黑木耳什么时间接种好？温度和水分怎样掌握？

（1）接种的时间以春天（3～5月）为最好，秋天接种不太适宜。

（2）在日光温室内的黑木耳，出耳温度应该掌握在20～25℃，温度不要太高。温度太高，容易造成流耳。在田间摆放的段木，在自然的温度下生长就可以了。

注意喷雾雾滴不要太大，相对湿度保持在85%～90%。另外，要保持通风换气的条件。

五、白灵菇、杏鲍菇栽培

1. 白灵菇发菌速度应该有多快？哪些因素影响发菌？

（1）白灵菇菌丝体每天应该生长2～3毫米。培养条件不同，发菌速度也不一样。

（2）下列因素影响发菌速度：

①温度：培养温度高，发菌快。白灵菇一般掌握22～23℃进行

培养发菌，生长还是比较快的。温度在25℃左右时，发菌更快，但污染率会增加。温度低于20℃时，发菌慢。

②通风：通气好，发菌快。有塑料海绵垫的发菌快。

③含水量：培养料含水量以60%左右为好。含水量适当的，发菌快；含水量过高，超过70%时，发菌慢。

④经常倒袋的有利于发菌。

2. 白灵菇出菇期的管理要点如何掌握？

白灵菇在出菇期间，主要按照下列要点进行管理：

（1）低温处理。完成菌袋后熟期后，此时再给予低温刺激（0℃左右）5～7天；然后移入菇房继续培养7～10天，菇房温度保持10～13℃，就可顺利出菇。

（2）温度管理。在出菇期要给予白灵菇子实体生长发育的适宜条件，以保证正常出菇。其中掌握适宜的菇房温度是白灵菇出菇的首要因素。白灵菇多数品种子实体生长的适宜温度为12～15℃。我们要通过栽培季节的适当安排，使白灵菇的出菇期，正好与温室菇房自然温度在这个适宜出菇温度范围内相逢。或者通过温室菇房温度的调节，达到适宜的出菇温度。出菇期间菇房温度长期低于8℃或高于20℃对白灵菇出菇极为不利，应尽量予以避免。

（3）水分管理。白灵菇出菇阶段要求菇房保持湿润的环境，空气相对湿度85%～90%时对出菇和长菇最为有利。如果菇房空气干燥，相对湿度在60%以下时，出菇很困难。为保持菇房湿润环境，地面要多浇水，菇房空气中每天要喷雾2～3次。喷雾尽量让雾滴落到地面和空气中，不要直接喷雾到栽培料和子实体上。

（4）空气管理。白灵菇是好气性食用菌，尤其在子实体阶段新陈代谢旺盛，需要氧气较多，应满足对氧气的需要。出菇期要加强菇房通风换气，菇房南侧塑料布要经常掀起，后墙要有通风窗口，经常保持通风状态，CO_2浓度要小于0.15%，以确保菇房空气新鲜。通风和保湿有矛盾，在管理上要通过调节，达到保湿和通风的统一。

（5）光线管理。白灵菇出菇阶段要求较强的散射光条件，以200～800勒克斯为宜。白天温室菇房上面覆盖的草帘要打开一部分，以满足白灵菇对光线的要求。冷库菇房每天要保证8小时以上光照。如光线不足，白灵菇菌柄长，菌盖小或菌盖不分化，就会形成畸形菇。一般平房、人防工事和自然山洞栽培白灵菇，可用较强的日光灯来满足子实体对光线的要求。

上述白灵菇所要求的栽培管理条件，要通过不断的调节和管理来实现。

（6）疏蕾。在适宜的栽培管理条件下，白灵菇栽培袋逐渐形成原基，然后长出小菇蕾。小菇蕾一般生长较多，要进行疏蕾。每袋一般只留一个菇蕾，把多余的小菇蕾用小刀削去。从小菇蕾长出到子实体成熟需要6～7天。子实体生长速度视温度高低而定，温度高，子实体生长快，反之则生长慢。

（7）菌袋覆土或浸泡。菌袋出完头潮菇后，含水量下降，此时可以浸泡一昼夜，然后从水中捞出，让其继续出菇。或采取地表覆土或墙式覆土的方法，增加菌袋含水量，使其继续出菇。浸泡和覆土栽培是白灵菇增产的重要措施。根据我们试验，白灵菇菌袋出完头潮菇后，采用地表覆土的增产83.38%；采用墙式覆土的增产55.68%。如果采取菌袋浸泡的方法，也能够获得40%以上的增产效果。

冷库菇房栽培白灵菇，要按照工厂化生产技术进行管理。

3. 白灵菇发生死菇的原因是什么?

白灵菇发生死菇的主要原因有：

（1）培养料消毒不彻底，料内还生长有细菌，细菌侵染白灵菇子实体，造成死菇。

（2）直接往菇体上喷水过多所致。

（3）菇房通风不好，二氧化碳浓度高，不适宜白灵菇生长。

注意以上几方面，采取相应改进措施，可以有效减少死菇的出现。

4. 白灵菇有哪些营养成分，如何加工？

白灵菇是珍稀食用菌，它菌盖肥厚，菌柄粗壮，菇体洁白，肉质细嫩，营养丰富，美味可口，是食用菌的新秀。根据国家食品质量监督检测中心的分析结果表明，含有蛋白质 14.7%，碳水化合物 43.2%，脂肪 4.31%，粗纤维 15.4%，灰分 4.8%，维生素 C26.4%，维生素 E 小于 0.02%，多糖（以葡萄糖计）190 毫克/克。分析样品中含有钾、钠、钙、磷、镁、锰、铜、硒等多种矿物质，尤其钾、钠、钙、镁、磷的含量特别丰富。白灵菇含有 17 种氨基酸，比其他侧耳食用菌含量都高。尤其 8 种人体必需氨基酸含量齐全、丰富，占氨基酸总量的 35%。白灵菇具有多糖等活性物质，有消炎、防感冒、防肿瘤等功效。

白灵菇的加工技术：白灵菇采收后，应及时鲜销。一般冷藏保鲜期 3 ~5 天。白灵菇主要加工形式有制干、盐渍、制罐等，也可以进行精深加工，如即时食品、小食品或提取白灵菇多糖等。白灵菇的深加工业的发展不仅是扩大销路、拓宽市场的必由之路，而且也是提升销售档次、提高经济效益的重要途径，必须大力抓好。

5. 白灵菇的下脚料能否再来栽培食用菌？

白灵菇的下脚料可以种植除白灵菇之外的多种食用菌，如平菇、金针菇、鸡腿菇和杏鲍菇等。但应该配以新的栽培料，白灵菇的下脚料只能占全部栽培料的 20% ~30%，完全用白灵菇下脚料种植，食用菌的产量很低。配用的白灵菇下脚料要求洁白、新鲜、无杂菌污染。

6. 杏鲍菇发菌后期菌皮厚怎么管理？影响出菇吗？

杏鲍菇菌皮厚，基本上不影响出菇。要防止杏鲍菇菌皮长得很厚，在发菌期光线不要过强，最好温度保持在 20 ~22℃、黑暗无光线的条件下进行培养，杏鲍菇菌皮就不会长得很厚。在出菇期温度要在13～15℃、相对湿度90%左右，并给予散射光条件，就能够很好的出菇。

六、其他食用菌（药用菌）栽培

1. 冬虫夏草的价格昂贵，是不是种植比较难?

冬虫夏草是野生药用菌，目前还没有成功的人工栽培方法。

蛹虫草可以人工栽培，用麦粒和米饭等培养基培养。北京药用植物研究所（在北京海淀区马连洼）在搞此项研究，北京房山农科所用麦粒培养基培养出蛹虫草，可以去咨询。

2. 河北保定能否种天麻，主要技术要点有哪些?

河北保定可以种植天麻。要掌握天麻的栽培技术，给予天麻生长的良好条件就可以了。主要技术要点是:

（1）播种期在春天，在0℃以上条件下进行。

（2）要与共生菌蜜环菌同时播种，在天麻苏醒时能够得到蜜环菌分解的营养。

（3）菌材用量：每平方米用20～30千克。

（4）用箱式栽培，箱的规格1 000厘米×1 000厘米×20厘米。菌棒与木材1∶1摆放。在菌棒与木材间填满填充物，如腐殖质土等物。

（5）木材和填充物不能用生石灰消毒，这样会抑制蜜环菌生长。木材和填充物可以用必洁仕牌二氧化氯消毒剂5 000～10 000倍液消毒，效果很好。消毒在装箱前进行。配制药液时，不要用金属容器，以便影响药剂效果，最好用塑料容器配制药液。喷洒要均匀。填充物要进行充分搅拌，以便提高药效。

3. 粉褶菌能不能进行人工培养？如何发表粉褶菌相关的论文?

（1）粉褶菌和杏树是共生关系，很难培养出来，目前还没有人工培养栽种的。因此，开发有较大的难度。

（2）发表粉褶菌的论文要有它的生态环境照片，最好有孢子的照片；对本菌要进行形态学的描述，描述菌丝体和子实体的形状和特点；说明发生地区的环境和气候特点及生长的时期等。

4. 湖南有一种野生蘑菇，销量不错，想把它种出来，问需要什么样的技术？

可以先用组织分离的方法，分离出菌种，然后培养出二级种和三级种，再接种到栽培袋中，如果菌丝体生长得好，再进行出菇管理，有可能生产出蘑菇来。要学习菌种制作技术，才能正确地进行组织分离和培养。此外，还要掌握一定的食用菌栽培管理技术。

七、综合

1. 冬季食用菌的管理技术如何掌握？

冬季食用菌的栽培要因菇种而异进行管理，主要注意下列几方面：

（1）要保持菇房内合适的温度：中低温食用菌一般保持5～20℃的温度。因品种不同，温度的高低也应该有所不同。日光温室上的覆盖物应该拉上来一部分，以增加菇房内的温度，防止冻害，给予散射光光照。在寒冷的地区，菇房应该适当加温，以便保证出菇的需要。

（2）要保持85%～95%的相对湿度，为此要在菇房内每天浇水和喷雾2～3次。

（3）要通风换气，保持空气新鲜。每天通风2～3次，每次30～40分钟。通风时间过长，菇房温度降低，不利于蘑菇生长。

（4）要有散射光照条件，一般要保持照度200～800勒克斯。

2. 用于养过三年蘑菇的大棚再种植蔬菜，会不会有不利影响？

栽培蘑菇的大棚再栽种蔬菜，对蔬菜的生长没有不利影响，可以

种植各种蔬菜。蘑菇的下脚料施在土壤中，增加了养分，疏松了土壤，对于蔬菜的生长还是有利的。

八、食用菌病虫害防治

1. 食用菌菌袋链孢霉菌污染20%左右，如何进行防治?

采取以下综合的预防和防治措施。

（1）菌袋的含水量不要过大，料水之比为1∶1.2，使含水量达到60%左右。含水量过大，容易被链孢霉菌污染。装袋前，栽培料用必洁仕二氧化氯5 000倍液拌料、消灭杂菌。

（2）用新鲜的菌种接种。接种量不能太小，熟料栽培的菇种接种量要达到5%～10%，生料栽培的菇种接种量要达到10%～15%。接种量大，食用菌菌丝体生长快，链孢霉菌不容易侵入。

（3）菇房不通风或温度高容易造成污染。放置菌袋的房间要通风，温度保持25℃以下，最好保持在20～22℃。菌袋摆入菇房之前，应该用必洁仕牌二氧化氯消毒剂熏蒸消毒，用药量每立方米为0.25克，能够消灭各种食用菌竞争性杂菌。出菇前，菇房可以用必洁仕牌二氧化氯消毒剂5 000倍液喷雾消毒，消灭链孢霉菌侵染源。喷雾要均匀细致，不留死角。

（4）污染的菌袋及时处理，用火烧掉，避免传染其他菌袋。

2. 瓶栽金针菇料面白毛毛是什么杂菌，如何防治?

这种杂菌可能是毛霉菌。栽培过程中环境温度高和相对湿度大，毛霉菌容易蔓延。防治毛霉菌的主要方法是：

（1）控制温度：菇房温度保持在5～12℃，不要过高。

（2）控制湿度：菇房相对湿度保持在85%，不要过大。

（3）别向料上直接喷水。

（4）用药防治：在菇房没有子实体时，用必洁仕牌二氧化氯消毒剂0.25克/立方米熏蒸，有较好的防治效果。

3. 双孢蘑菇出现死菇该怎么办？

双孢蘑菇出现死亡有多种原因，有生态条件不良造成的生理病害而死亡，还有病原微生物侵入造成的侵染性病害而死亡，找出死亡的确切原因才能预防蘑菇的死亡。

在控制侵染性病害方面，要注意出菇温度不要过高，出菇期间通常温度保持在14～16℃；相对湿度不要过大，通常相对湿度保持在80%～85%；菇房要通风换气，菇房内二氧化碳的浓度要控制在0.1%以下，并且要及时进行食用菌病虫害的防治等措施，以降低蘑菇的死亡率。

在控制生理死亡方面，要创造适宜蘑菇生长的条件，而避免不利生长条件的发生，以减少生理病害的死亡率。

4. 平菇眼菌蚊等虫害如何防治？用溴氰菊酯能与三十烷醇混用吗？

（1）平菇眼菌蚊等虫害主要防治方法：

①注意菇房经常通风；

②菇房温度控制在20℃以下；

③用药剂防治，使用溴氰菊酯1 000倍+敌敌畏1 000倍混合液喷雾。

（2）用溴氰菊酯1 000倍液喷雾防治时，不能与三十烷醇混用。要喷在菇房内，尽量不要喷在子实体上。喷雾要均匀、周到。

第五章　养殖技术

一、畜禽养殖技术

（一）养鸡

1. 鸡的品种及养殖方式有哪些？

（1）鸡的品种有很多：如高产蛋用品种主要有罗曼粉、罗曼褐、海兰灰、海兰褐等，以及我国的京红、京粉和农大3号节粮型蛋鸡等；快大肉鸡品种主要有艾维茵、AA肉鸡等；优质肉鸡主要有我国的一些优质地方品种和培育品种，如北京油鸡、广西三黄鸡、清远麻鸡等。

（2）鸡的养殖方式多样，包括笼养、平养和散养。其中平养包括地面平养、网上平养或者发酵床养殖等各种模式。散养可以因地制宜，选择山地、果园、坡地等多种方式。

2. 用于产蛋的柴鸡品种有哪些？

优质地方品种鸡虽然产蛋率相对普通蛋鸡低，但由于其蛋品质好，所以更适合作为柴鸡品种饲养。如北京油鸡、绿壳蛋鸡、芦花鸡等。

3. 北京油鸡品种有哪些特点？哪里可以买到种鸡和鸡雏？

（1）北京油鸡原产于北京京郊地区，是一个古老的优质地方品种，外貌独特、肉味鲜美、蛋品佳良。

外貌独特：北京油鸡不仅具有黄毛、黄嘴、黄腿的“三黄”特征，而且还具有凤头、胡须、毛腿的“三毛”特点，少数个体分生五趾。

肉味鲜美：北京油鸡肌纤维细腻，皮下脂肪丰富，颜色微黄。经研究发现，北京油鸡鸡肉中游离氨基酸、肌内脂肪及不饱和脂肪酸等风味物质显著高于普通鸡种，因此，鸡味浓郁，营养丰富。烹调时即使只加水和盐清煮，鸡汤也非常鲜美，香气扑鼻。

蛋品佳良：北京油鸡鸡蛋大小适中，蛋壳粉色，蛋黄着色好，比例高，蛋清黏稠，口味纯正，无腥味，富含多种营养滋补成分，尤其卵磷脂含量高于普通鸡蛋20%～30%。

（2）北京市农林科学院畜牧兽医研究所北京油鸡中心从1972年开始致力于北京油鸡品种的保种、选育和养殖示范推广工作，经过多年的努力，北京油鸡外貌一致性和生产性能都有所提高。保种场现位于北京市大兴区榆垡镇，可对外提供北京油鸡种蛋和种雏，联系电话是：010－89213430。

4. 养殖不同类型北京油鸡需要多少天才可上市？

优质型北京油鸡推荐上市日龄120天左右，体重可达到1.5千克左右。肉用型北京油鸡生长速度比优质型油鸡略快，90天即可以达到上市体重，如果饲养时间延长，更有助于脂肪、氨基酸等风味物质的沉积，提高鸡肉品质。母鸡产蛋500天后一般就会淘汰，但此时母鸡已经成为老母鸡，老母鸡非常有营养，炖汤具有滋补作用，因此，很受消费者欢迎。根据消费者喜好，可选择合理的油鸡类型以确定上市日龄。

5. 有关于北京油鸡的饲养技术光盘吗？

北京市农林科学院畜牧所北京油鸡中心曾与中央电视7台合作录制过《毛头毛脚的北京油鸡》、《北京油鸡养殖》、《北京油鸡的养殖技术》、《散养鸡的科学管理》等节目，可以买到光盘。

6. 北京油鸡冬季养殖该注意些什么？北京油鸡公鸡的生长速度较之母鸡，哪个更快？肉用型北京油鸡和普通油鸡有什么区别？

（1）冬季舍内养殖要注意保温，同时要适当通风，保持空气清洁；散养要注意保暖和补光。

（2）北京油鸡公鸡的生长速度要比母鸡快，这点与普通鸡相同。

（3）肉用型北京油鸡和普通油鸡相比生长速度要显著提高，能提前2周上市，上市体重1.5~1.8千克。肉品质测定结果显示，肉用型油鸡鸡肉品质除个别指标略低于普通油鸡外，大部分指标差异不显著，仍属于优质黄羽肉鸡类型。

7. 北京油鸡散养还需要建鸡舍吗？成本大约多少？

（1）北京油鸡养殖多采用散养方式，仍然需要建鸡舍。其原因在于：一是雏鸡需要在室内育雏，鸡舍便于保温，尤其是寒冷季节；二是青年鸡和产蛋鸡需要鸡舍进行补料、补水、补光，舍内提供产蛋箱，控制环境，防止遭受雨雪侵袭。

（2）鸡舍成本与使用的结构和材料有关，成本可以按照每只鸡20~40元预算。

8. 利用山地散养柴鸡，建设养殖场的硬件条件需要什么？

山地散养是目前比较受欢迎的一种养殖方式。第一次养殖需要投入基础设施有：

育雏舍：在育雏舍养殖到6周左右，可以选择笼养或者地面平养，笼养密度30只每平方米，平养20只每平方米。

青年鸡舍和产蛋鸡舍：青年鸡和产蛋鸡要求搭建鸡舍，以便于进行舍内补光补料，保证产蛋和产肉。

养殖设备：鸡舍内配备料槽、水槽及产蛋箱，提供饲料、水和产蛋场所。

9. 现有 300 亩杨树林，如何进行林下养鸡？

对于林下养鸡，可选择一些特色的地方品种更有助于提高经济效益，如北京油鸡。该品种本身肉蛋品质优良，抗病性强，较适合散养。雏鸡首先要经过 6 周左右育雏脱温后方可放入林地散养。白天鸡在林下活动，晚上回到鸡舍内休息。整个林地按照一定面积大小划分成多个区域，每个区域修建鸡舍 1 栋。鸡舍面积以 300 ~ 500 平方米为宜，鸡舍周围用围网圈出鸡的活动场地。关于舍内密度，青年鸡以 10 只每平方米为宜，产蛋鸡以 6 只每平方米为宜。活动场地以每只鸡 2 ~ 4 平方米为宜。

10. 现有 5 000 平方米现代化温室 1 栋，长 100 米，宽 50 米，配备有风机和湿帘，是否适合养鸡？如何利用现有场地和设施发展休闲体验式养鸡？如何选定养殖品种？

（1）总的来讲，现代化温室不大适合养鸡。原因：①温室光照太强，容易引起鸡的啄癖；②湿度太大，微生物容易繁殖，对养鸡不利，容易发病；③单栋建筑室内面积太大，难以做到全进全出，不利于疫病防控。

（2）如果发展休闲体验式健康养鸡模式，需要对温室进行改造，建议面积控制在 500 ~ 600 平方米以下。每栋鸡舍养殖商品肉鸡规模不超过 5 000只，养殖密度不超过 10 只每平方米；每栋鸡舍养殖产蛋鸡不超过 3 000只，养殖密度不超过 6 只每平方米。

（3）养殖品种可选择特色地方品种，如北京油鸡、绿壳蛋鸡、文昌鸡等。

11. 山地散养野鸡需要什么条件？如果计划饲养有机野鸡，是否要求都用五谷杂粮喂养？病害靠生物防治或中草药防治可行吗？

（1）山地散养野鸡可以参照山地散养家鸡的办法进行。鸡舍的形式和保温能力根据自身经济条件和当地的温度来决定。如果资金充

足，冬天的气温较低，则可以修建砖混结构或保温板形式的鸡舍。如果资金有限，冬天不太冷（0℃以上），则可以因地制宜修建简易鸡舍。野鸡飞翔能力较强，活动场地需要用围网罩住。

（2）饲料建议采用营养丰富的配合饲料（安全的）来饲喂，以五谷杂粮和农副产品作为补充，否则野鸡营养不良、生长慢、体质差，容易得病。有机养殖要求饲料原料是按有机方式生产的。

（3）中草药或生物防治只能起到保健、增强体质和部分预防作用。目前，还没有有效的药物和制剂可以完全预防和治疗病毒性传染病，因此，有机养殖中需要加强隔离消毒和防疫工作，并进行科学免疫。

12. 散养鸡饲料采用玉米、黄豆、麸皮、鱼粉配制是否合适？

散养鸡饲料可以采用玉米、黄豆、麸皮、鱼粉配制。其中黄豆必须全部炒熟，不能半生半熟。饲料中还必须补充钙、磷、食盐、维生素和多种微量元素。雏鸡的饲料中可以加2%～3%的鱼粉，青年鸡和成鸡可以不加。

13. 当地下雨比较多，地面比较潮湿，是否可以让散养鸡外出？

如果刚下完雨，地面十分泥泞，应等地面干燥后再将鸡放出。同时室内最好设置栖架和网床。

14. 怎样给放养土鸡合理搭配饲料？

不同的鸡种，营养需求略有差异。但是无论什么品种，从雏鸡开始到上市，整个饲养周期均应供给生长和繁育所需的全部营养物质。目前，土鸡的放养规模都比较大，鸡舍周围的植被在短时间内就会被鸡采食完毕，因此，散养鸡的营养全部需要靠饲料提供，必需给鸡提供全价营养饲料才能满足鸡的生长发育和生产需要，使其发挥出高水平的生产性能。在养殖过程中，应参考品种标准配制饲料。地方品种，如北京油鸡，生长中等，根据不同的用途，其各阶段营养需要量见表 5－1 和 5－2。

表 5－1　北京油鸡蛋用母鸡各阶段营养需要推荐量

营养指标	0～8 周	9～18 周	19 周～5%产蛋	5%产蛋～44 周	44 周以后
代谢能（兆焦/千克）	11.91	11.7	11.5	11.29	10.87
粗蛋白质（%）	19.0	15.5	17.0	16.0	15.0
赖氨酸（%）	1.0	0.68	0.70	0.73	0.70
蛋氨酸＋胱氨酸（%）	0.74	0.55	0.64	0.64	0.55
钙（%）	0.90	0.80	2.0	3.0	3.0
总磷（%）	0.70	0.60	0.60	0.60	0.60
非植酸磷（%）	0.40	0.35	0.32	0.32	0.32

表 5－2　肉用北京油鸡商品代鸡日粮营养水平推荐表

营养指标	0～6 周	7～11 周	12 周～出栏
代谢能（兆焦/千克）	12.12	12.54	12.96
粗蛋白质（%）	19.0	17.0	15.0
钙（%）	0.95	0.85	0.85
有效磷（%）	0.45	0.40	0.35
赖氨酸（%）	0.98	0.84	0.70
蛋氨酸＋胱氨酸（%）	0.75	0.68	0.61

15. 想用米糠代替玉米喂土鸡来节约成本是否可行？

米糠中某些营养物质优于玉米，但是纤维含量高，能量低，可部分替代玉米，添加量要低于10%。

16. 在苹果树下养鸡，如何避免鸡上树、啄食果实等问题？

鸡啄食低处的苹果是不可避免的，但鸡品种之间存在特点差异，有的品种好动，有的比较安静。如北京油鸡性情比较温顺，上树较

少，对果园的破坏力较小。建议在大规模养殖前可以少量养殖，以观察一下鸡的破坏性。

17. 请问发酵床养鸡用什么牌子的菌种好？

目前，市面上发酵床用的菌种较多，品牌也杂乱。建议选择正规厂家或者科研院所的菌液使用。如北京市农林科学院畜牧兽医研究所研制的菌液，在目前京郊一些鸡场、猪场都有使用，且反响良好。

18. 利用发酵床养鸡，怎样保证鸡整年产蛋？

鸡的产蛋性能在很大程度上取决于品种本身，发酵床养鸡只是一种养殖模式，使用过程中注意定期翻垫料，注意垫料的厚度、湿度符合要求，保证鸡只健康，为鸡只提供一个舒适的生长和生产环境。

散养方式下，如果希望维持鸡的产蛋性能，应当按照鸡品种本身的饲养管理要求进行管理。夏季注意防暑，冬季注意保温，并在夜间适量补充光照，产蛋期光照时间要达到16小时并维持恒定。

19. 雏鸡吃的小米被整粒排泄出来，是什么问题，应该怎么办？

鸡的消化道比较短，将小米用水泡软后再给鸡雏吃会好一些。尽可能用正规厂家生产的雏鸡配合饲料喂养雏鸡，以保证鸡只生长所需要的营养。

20. 雏鸡长途运输，需要采取什么样的保温措施？

建议选用专门的雏鸡运输车，可以保证通风和维持适宜的温度。如果选用保温性能好的面包车，不必采取特别的保温措施，依靠车内和雏鸡的自然温度就可以达到要求。同时车后部开启一定的缝隙保持通风。雏鸡盒在车厢内不要码放得过于拥挤，要留出通风道，特别是要注意车厢底部的雏鸡，防止缺氧窒息。如果运输距离较远，最好是2名司机轮流驾驶，中途不要停车，尽早运达目的地。在夏季，一定要避免把车停在阳光下暴晒。

21. 计划发展散养土鸡项目，打造特色品牌，搞绿色养殖，如何做市场调查？如何写一份切实可行的可行性报告？想搞好这个项目应该注重哪些方面？

（1）市场调查需要关注的内容有：品种的选择、饲料原料行情、养殖方式和基地建设、养殖人员、产品（包括鸡蛋、鸡肉）的消费人群和消费市场、销售渠道、养殖副产品（如鸡粪）等的加工处理。

（2）可行性报告一般包括：总论、项目背景及必要性、建设条件、建设单位基本情况、市场分析与销售方案、项目建设方案、投资估算与资金筹措、财务评价、环境影响评价、农业产业化经营与农民增收效果评价、项目组织与管理、可行性研究结论与建议等。可按上述内容就散养土鸡项目进行可行性研究的论证。

（3）如果要做好散养土鸡项目，需要注重鸡舍建筑、品种的选择、饲料的供应、养殖人员饲养管理、疾病防治、产品加工和销售等每一环节，它们都会影响到项目的成败。其中最重要的是产品的销售环节。

22. 养殖肉鸡的技术内容大概有哪些？

涉及肉鸡的品种选择、饲料与饲养、设施环境、疾病防治等多个方面的内容。根据养殖品种、养殖方式不同，养殖技术之间也存在差异。快大肉鸡，出栏天数一般40天左右，而优质黄羽肉鸡则出栏天数一般在70～120天。养殖模式有笼养、网上平养、地面平养、林地散养、发酵床养殖等多种方式。在养殖之前，需要确定养殖品种，然后根据养殖环境和养殖方式，确定具体方案和技术。

23. 两年母鸡，一直产蛋正常，第二年六月份母鸡开始出现抱窝现象，后来一直不再下蛋，母鸡精神、吃喝正常。这种现象正常吗？

正常情况下，母鸡产蛋第一年属于高产，第二年后产蛋会明显降低，产蛋少或不产蛋属于正常现象，应该不是生病引起。如果生病，鸡的精神、吃喝都会表现出异常。

24. 现养殖有北京油鸡、丝羽乌骨鸡，已经15周，想咨询一下如何区分公母？如果错过了鸡痘免疫，该怎么办？

（1）一般来说，公鸡体型比母鸡大，鸡冠比母鸡大，尾羽比母鸡长。北京油鸡区分公母一方面根据鸡冠，即公鸡鸡冠比母鸡大而且红，另一方面公鸡毛色发亮，颈羽呈三角形，而母鸡颈羽呈椭圆形。丝羽乌骨鸡公鸡毛较粗糙、硬，鸡冠单冠，而母鸡毛柔软，鸡冠为桑葚冠。

（2）如果错过鸡痘免疫，可以及时补免。

25. 鸡产软壳蛋是什么原因？雏鸡张嘴叫唤什么原因？

（1）鸡饲料中缺钙、受到惊吓等应激，或者发生疾病，都可能产生软壳蛋。

（2）雏鸡张嘴呼吸、鸣叫，可能是育雏室温度过高。一是要注意控制舍内温度，二是夏季舍外要搭建遮荫棚遮阳，同时注意保证充足的饮水。

26. 两周龄的母鸡脱毛是怎么回事？

两周龄的母鸡仍然处于育雏阶段，出现脱毛是雏鸡脱掉绒毛、生长片羽的正常现象。

27. 什么是发酵床养鸡技术？饲养管理应该注意哪些事项？什么品种的鸡适合发酵床养殖？

（1）发酵床养鸡是一种生态环保养鸡模式。在鸡舍地面用锯末、稻壳等铺放30～40厘米厚度的垫料，在垫料中添加特定的有益微生物，利用微生物发酵作用来分解鸡粪，使之达到消除鸡舍臭味，减少粪便排放的目的，同时减少疾病发生和药物使用，生产性能和产品品质能得到改善。

（2）饲养管理中需注意的事项：垫料的湿度要合适，太干，微生物不易繁殖；太湿，垫料容易霉变；垫料板结后要经常翻动，保证垫料透气；不能使用消毒剂消毒圈舍，以免杀死垫料中的微生物菌种；垫料长时间使用要补充一部分新的垫料。

（3）发酵床养鸡对鸡的品种没有特殊要求。

（二）其他禽类

1. "黑凤乌鸡"、"泰和白丝毛乌鸡"与"余干黑丝毛乌鸡"究竟有什么不同?"黑凤乌鸡"是否适合在黑龙江省养殖发展前景是否广阔?

（1）"黑凤乌鸡"是近些年由我国生物学家历经多年选育而成，其以投资少、见效快、市场大、效益高而成为很受欢迎的特禽新品种。"泰和白丝毛乌鸡"也就是常说的丝羽乌骨鸡。二者最大差异是毛色，前者为黑丝羽，后者为白丝羽。"余干黑丝毛乌鸡"的羽毛是片羽，不是丝羽。

（2）"黑凤乌鸡"可以在黑龙江省饲养，但要注意冬季保温。

（3）据报道，黑凤乌鸡含有多种人体必需的氨基酸和多种维生素及硒、铁等矿物质，且胆固醇含量低，是高蛋白、低脂肪的优质禽类产品。另外，还含有黑色素，具有营养滋补及增强机体免疫功能的作用，是妇女、儿童病后体虚及老人的最佳滋补珍品，养殖前景良好。但由于投资大、生产周期长，成本高，且存在疫病风险，不建议盲目大批养殖。

2. 北京的气候条件是否适合养火鸡？养火鸡的注意事项有哪些？

（1）采用舍饲（或半舍饲）的养殖方式在北京地区可以养殖火鸡。

（2）养火鸡首先要注意种苗的选择。鸡苗尽量选择品种质量、防疫、养殖技术等有保障的育种场购买。其次，要注意温度、光照等控制。火鸡原属于美洲热带的一种禽类，所以越冬保暖工作十分重

要。第三，由于受野生习性影响，火鸡与普通家鸡的食物结构不一样，它对粮食等精饲料并不感兴趣，需要按一定比例喂食青草。此外，疾病防控是所有养殖中很关键的一个环节，必须重视日常的防疫和消毒工作。

3. 农村养什么鸭子好?

我国的北京鸭、清远麻鸭、高邮鸭，还有从国外引进的樱桃谷肉鸭，都可以考虑饲养。关键是根据当地饲养条件和市场来选择适宜的品种。

4. 咨询鱼鸭混养的技术是怎样的？其优点是什么?

从鱼鸭混养的设施建设、生产配置、饲养管理 3 个方面介绍，以供参考。

（1）鱼鸭混养设施建设

①池塘建设

池塘要选择在水源充足，水质良好，交通方便之处。池塘以东西走向，长方形为好，长宽比（2～3）：1，池埂内（2～2.5）：1，这种池塘日照时间比较长。塘底要求平坦，可略向排水的一面倾斜，以利于干塘。池塘面积以 0.67～1.33 公顷为好，池水深 1.5～2 米，池塘设有进、排水口和拦鱼设施。对原有的浅、小、旱旧池塘，可按新建池塘要求进行改造。

②鸭棚建设

鸭棚应选择坐北朝南，地势较高、阳光充足、比较干燥的地方。冬季能密封保温，夏季能通风降温，雨季排水良好。鸭棚面积 120～150 平方米。并设有两个活动场，一是用旧网片或篾栅围池塘一角（网围不超过池塘总面积的 1/4）作为活动池。二是在鸭棚附近用竹篱笆围一块池埂或池坡地面作为活动场。

（2）鱼鸭混养生产配置

鱼鸭混养模式，以水面为中心，以养鱼为主，鱼鸭养殖合理配置，以达到鸭促鱼，鱼鸭双丰收的目的。一般可采取以下两种混养模式：一是每亩投放鱼种 50 ~ 60 千克，滤食性鱼类 70% ~ 80%，鱼种增重 6 ~ 7 倍，每亩水面配养鸭 60 ~ 80 羽，养殖单产一般可达 300 ~ 400 千克。二是每亩投放鱼种 75 ~ 85 千克，滤食性鱼类 70% ~ 80%，鱼种增重 6 ~ 7 倍，每亩养鸭 100 ~ 200 羽，养殖产量一般可达 500 ~ 600 千克。

据养殖生产实践经验，一般每养一羽鸭一年可生产滤食性和杂食性鱼类 3 千克之多。

（3）鱼鸭混养饲养管理

①养鱼

清塘。鱼种未下塘前，池塘要进行消毒，每亩用生石灰 70 ~ 100 千克，均匀遍撒全池。

鱼种消毒。鱼种下塘前，用 3% 食盐溶液浸浴鱼体 5 分钟，草鱼注射疫苗进行免疫预防。

投喂。饲料是鱼类生长的物质来源，是提高养鱼产量的物质基础。因此，要投喂量足、质好、适口的饲料。日投喂可按鱼体总体重的 1% ~ 5% 计算投量。

水质。俗话说，管好一池鱼，先要管好一池水。池水要保持肥、活、爽。透明度控制在 30 厘米左右，池水 pH 值保持 7 ~ 8。

勤巡塘，做好防逃、防病、防汛、防盗等工作。

②养鸭

实行科学饲养，做到饲料合理搭配，定时定量饲喂，不喂霉烂饲料，饮水充足。温度、湿度、密度适宜、空气新鲜。

防疫治病是发展养鸭生产的一个重要环节，因此，一是搞好鸭棚清洁卫生，坚持消毒措施，人不随便进入鸭棚，消灭传染病源。二是鸭 30 日龄时注射一次疫苗预防鸭瘟。70 ~ 80 日龄时进行禽霍乱防疫。

鱼鸭混养的优点：

鱼鸭混养是渔牧结合的综合养殖模式之一。它通过形成人工复合

生态系统，既充分利用水面，又增产降耗，养殖效益非常显著。

①鸭子可以为鱼塘水质增氧。鸭群在池塘中嬉水击起浪花，有利于增加鱼塘水体中下层的含氧量。

②鸭吃剩下的残饵可以为鱼类提供饲料。鸭粪中含有大量的有机物未被消化吸收，它可以培育水体中的浮游生物，间接为鱼提供饵料。鸭群不断潜入水中捕捉食物的运动，能促进池塘底部淤泥中有机物的分解，加速有机碎屑和细菌凝聚物的扩散，又可以为鱼类提供饵料。

③鸭群可以为鱼除害。鸭子不但可以吞食漂浮在水面的病毒、死鱼、小野杂鱼、螺类，以及鱼塘中的水蜈蚣等鱼类的敌害昆虫，而且还能清除池塘中生长的青苔、藻类等有害物质。只要搭配比例得当，鱼鸭混养，资源共享，就能实现良性循环。

5. 7 个月大小的肉鸽产无精蛋较多，是什么原因？部分肉鸽还没有产蛋或产量低，是什么原因？

（1）肉鸽产无精蛋的原因较多，可以从如下几个方面分析原因：

① 营养是否全面，保健砂配料是否合理。

② 雄鸽是否被阉割过。

③ 检查雄鸽和雌鸽的肛周羽毛是否过于浓密而影响受精质量。

④ 鸽笼的高度是否适宜，一般要求在 35 厘米以上，否则鸽子不易正常交配。

（2）影响肉鸽产蛋的原因有：

①营养不足或比例失调：饲料中的各营养成分是鸽进行一切生理活动的基础，营养不足或比例不当都将影响鸽的正常生长和繁殖，引起体重减轻，产蛋间隔延长甚至停产。造成营养不足或比例失调的主要因素是：

喂料量不足。一个鸽群中可同时存在几种不同生育期的种鸽，而每种生育期种鸽的营养需求量又相差很大，如哺育期种鸽对某一种饲料的采食量可以是抱孵期种鸽的 2 ~ 3 倍，如果按抱孵期种鸽的饲喂标准来决定全鸽群的饲喂量，必将使处于哺育期的种鸽采食量相对不足，从而导致产蛋性能下降。

原料种类单一，营养不全面。可变更日粮结构，合理配制饲料。

保健砂缺少。以原粮饲喂的鸽群，保健砂可以补充日粮中钙、磷等营养不足，有助于所采食饲料的消化，起到保健作用。保健砂的缺少必然引起某些营养素的缺乏和鸽对不良条件抵抗力的下降，导致繁殖性能下降。

② 光照不足：光照和种鸽的生殖活动、新陈代谢及采食行为都有一定的关系。冬季昼短夜长，如果不补充足够的人工光照，会使种鸽的繁殖机能减退。同时，因采食时间短，也会造成鸽群营养摄入量的不足，导致产蛋量的下降。

③ 疾病：内寄生虫病、鸽虱和副伤寒等都会引起鸽群产蛋量下降。

④ 环境条件：环境条件的应激也会影响母鸽的产蛋性能。

6. 12～25 天的乳鸽该喂什么料？

科学配制肉鸽饲料应充分利用当地饲料资源，根据不同季节选择饲料原料，同时要注意能量和蛋白质的营养平衡，考虑日粮中脂肪含量的合理比例，以及维生素的种类与数量的平衡。

一般来说，用于青年鸽的日粮配方中，能量饲料 3～4 种，占其日粮的 70%～75%，蛋白质饲料 2 种，占 25%～30%。用于育雏期种鸽的日粮配方中，能量饲料 3～4 种，占其日粮的 65%～70%，蛋白质饲料 2～3 种，占 30%～35%。用于非育雏期种鸽的日粮配方中，能量饲料 3～4 种，占其日粮的 75%～80%，蛋白质饲料 2 种，占 20%～25%。

具体配方需按如下当地情况调整，仅供参考。

乳鸽饲料配方（人工哺育时采用）：

1～4 日龄：奶粉 50%、蛋清 35%、植物油 5%、电解多维 5%、骨粉 2%、酵母粉 1%、蛋白消化酶 1%、鱼肝油 1%，另外，每千克

加1克食盐。

5~7日龄：奶粉40%、雏鸡料25%、蛋清20、植物油5%、电解多维5%、骨粉2%、酵母粉1%、蛋白消化酶1%、鱼肝油1%，另外，每千克加1克食盐。

8~10日龄：奶粉15%、雏鸡料50%、蛋黄20%、植物油5%、电解多维4%、骨粉3%、酵母粉1%、蛋白消化酶1%、鱼肝油1%，另外，每千克加1克食盐。

11~15日龄：奶粉10%、雏鸡料65%、蛋黄10%、植物油5%、电解多维3%、骨粉4%、酵母粉1%、蛋白消化酶1%、鱼肝油1%，另外，每千克加1克食盐。

16~24日龄：奶粉5%、雏鸡料80%、植物油5%、电解多维3%、骨粉4%、酵母粉1%、蛋白消化酶1%、鱼肝油1%，另外，每千克加2克食盐。

25~30日龄：奶粉5%、雏鸡料85%、电解多维3%、骨粉4%、酵母粉1%、蛋白消化酶1%、鱼肝油1%，另外，每千克加2克食盐。

青年鸽饲料配方：

玉米55%、豌豆20%、绿豆5%、小麦15%、花生5%。

生产鸽通用饲料配方：

玉米45%、豌豆27%、绿豆5%、小麦15%、花生8%。生产鸽应根据不同的生产阶段，如配对期、非哺乳期、哺乳期等来调整配方。

非生产鸽通用饲料配方：

玉米30%~70%、高粱10%~15%、稻谷10%~30%、小麦10%~20%、花生3%~5%。

（三）养猪

1. 鸡粪发酵做饲料是否可行？怎样处理鸡粪喂猪？

（1）鸡由于消化道短，饲料利用不完全，因此，鸡粪中还残留有不少营养物质，经处理后用于喂猪，可以降低养殖成本。但是发酵鸡粪不推荐再作为鸡的饲料添加。

（2）鸡粪处理后喂猪的方法并不固定，可以根据实际情况选择，一般主要有以下两种。

①干燥：将鸡粪或者混入部分糠麸均匀摊在水泥地面上，自然风干晾晒，使鸡粪含水量在13%以下，有条件者可用干燥机进行烘干。

②发酵：在鸡粪中添加米糠、麸皮、苜蓿草粉等，鸡粪与其他原料的比例为3∶2，加入适量的水分，50%左右，放入缸、窖或塑料袋内，压紧封严，室温条件下发酵15～30天，即可用于喂猪。如果加入发酵菌类，如EM菌，可以缩短发酵时间和提高效率。

应该注意的是，鸡粪应及时收集和处理，以防变质。患病鸡粪不可喂猪。幼猪不宜喂鸡粪。喂量可逐步增加，在生长期，鸡粪可占日粮总量5%～10%，肥育期，鸡粪可占日粮总量的10%～20%。

2. 喂猪的粮食价格比较贵，有什么便宜的饲料？

现在粮食价格普遍上涨，如果要便宜的饲料，就地取材是最好的方式。如果当地有比较便宜的土豆、红薯、木薯、酒糟、粉渣等，都可以用来喂猪。但要注意饲料搭配和用量，防止营养不良或中毒。

3. 猪价下滑而粮食价格升高，有什么好的应对措施来减少损失？

建议如果有好的销售渠道，可以考虑卖出一部分猪，减少投入。如果资金运转不受影响，坚持到猪价回升就可以了。养殖者可以根据自己的实际情况来决定。但无论如如何，都要加强饲养管理，提高成活率，降低养仔猪成本。

4. 国内哪些地方饲养香猪？

香猪，又被称为“迷你猪”，体型小，性成熟早，皮薄肉香。其产地有“中国香猪之乡”贵州黔东南地区（如从江香猪、剑白香猪）和靠近贵州黔东南地区的广西（如巴马香猪）。

5. 家猪和野猪基因是否一样？野猪养几个月才能性成熟？家猪是否可以和野猪配种？

（1）野猪是家猪的祖先。从遗传基础来讲，并没有根本的改变，只是进行了驯化和选择，致使基因发生了部分变化。

（2）目前市面常说的特种野猪是家猪和野猪的杂交后代，性成熟大大提前，7～8个月即有性成熟。纯种野猪性成熟较晚，如雌野猪需10～20个月。公野猪野性强，需要进行一定的驯化和训练后方能进行配种。

（3）野猪是可以与家猪配种的。

6. 野猪的养殖技术大概包括哪些方面？

关于野猪的养殖技术，提供以下方面内容供参考。

合理建场：野猪场舍最好选在地势较高的地方，便于排水。将原有家猪舍加高并稍加改造就可养殖。新建野猪圈舍一般由内窝室与运动场组成，要求水泥铺地，采光和通风良好。内窝室供野猪睡觉、采食，长约3米，宽约2.5米，圈舍加棚，建成一般猪舍样式，配置一高一低两个自动饮水装置，供小猪和大猪饮水，上盖顶棚。运动场不盖顶棚，供野猪排便、运动和晒太阳，长约3米，宽约2.5米，靠围墙处设一排粪沟，围墙用水泥抹面，建筑高度为1.7～1.8米。野猪母猪舍应在内窝室加建一仔猪保温补料室。在内窝室与运动场之间留一条1米宽的通道，以利于野猪自由出入，栏门一般留在内窝室的前面。

合理饲喂：野猪食量较少，一般一天喂2～3次，喜生食，食性杂，各种杂草、菜叶、植物根茎、作物秸秆等都可作为野猪的饲料。野猪特别喜食青绿饲料，如红薯藤叶、青刈玉米、马铃薯、树叶、自种牧草等，可占日粮的50%以上，配合少量精饲料即可养出健壮的野猪。精饲料一般由玉米、高粱、大麦、稻谷、甘薯等谷类籽等能量饲料和豆饼、花生饼、棉籽饼、骨肉粉、鱼粉等蛋白质饲料以及一些维生素、氨基酸、矿物质与微量元素等营养物质添加剂组成，可参考家猪饲料配方。

重视防疫：疾病控制管理是养殖业始终需要关注的一项内容。可与当地兽医联系，根据当地疾病流行情况进行免疫和消毒。猪舍要定期消毒和灭鼠灭蚊蝇，减少疾病传播源。

7. 母猪难产怎么办？

一般有如下方法：

注射药物：对子宫收缩微弱所致的难产，每隔 15 ~ 30 分钟肌注或皮下注射 20 ~ 50 万单位催产素，5 ~ 10 分钟后子宫收缩，发生阵痛，胎儿自行产出。在用催产素处理之前，先肌注雌二醇 15 毫克，效果更加明显。此方法只适合于胎位正常的母猪。

助产：助产时要先做阴道检查。注意清洁卫生，母猪后部、产道及术者手都要进行清洗。术者指甲要剪短，手臂涂上润滑剂。先让母猪躺卧，然后用手指分开阴唇，手缩成圆锥形轻轻伸入产道。先探查产道有无损伤，然后检查胎儿胎位、胎势及胎向是否正常。轻度异常者，只要抓到头和两侧前肢或两后肢，通常不要用多大力，即可拉出。有条件可用产科钳、猪索套、锐或钝型钩子进行助产，但注意使用这些器械时要防止滑脱。对于死胎，可用钩子钩住胎儿眼眶和硬腭进行牵拉。若发生臀部前置，先把手伸进产道，用食指从腹侧钩住每条后肢的飞节，拉它向后伸展，就能正常产出。助产后，要再次检查产道，是否有胎儿存在，产道是否损伤。拉出的胎儿应立即清除其呼吸道黏液以刺激其呼吸。

剖宫产：请当地兽医站有专业剖宫产经验的兽医进行。

8. 最适合北方生长的猪种有哪些？

目前生产上普遍养殖的“杜长大”三元杂交猪就非常适合北方养殖。如果侧重的是口感，兼顾生长速度，那么北京黑猪比较合适。

9. 兔粪用来养猪，是否可行?

兔粪中仍有一定含量的营养物质，可以用来喂育肥猪和母猪，最好不要用来喂仔猪。饲喂时要控制添加比例在 10% ~20%。育肥猪出栏前 20 天应停喂。

(四) 养羊

1. 怎样提高小尾寒羊的繁殖能力? 如何快速育肥小尾寒羊?

(1) 提高繁殖能力首先需在繁殖期前控制好羊只体重，不能过肥或者过瘦。其次，需要掌握好发情配种时间，一般配种时间可定在 5 月、次年 1 月和 9 月，产后及时配种，缩短产后时间间隔。配种时选择优秀公羊，补充高营养水平饲料，提高精液品质，同时可以使用激素等措施来促进母羊发情和排卵，从而提高产羔率。母羊成功受孕后要精心管理，防止流产。

(2) 小尾寒羊快速育肥，除了日常放牧外，要补充精料。精料可占到日粮的 45% ~60%。精料配方可以采用: 玉米 83%、豆饼 (花生饼) 15%、石灰石粉 1.4%、食盐 0.5%、维生素和微量元素 0.1%，若无豆饼、花生饼可用 10% 的鱼粉代替，同时将玉米的比例调到 88%，粗饲料可采用青干草、玉米秸等。建立正常的饲喂制度，定时给羊喂料、饮水。饮水要供应充足，水质良好。冬春季节，水温一般不低于 20℃，并保持清洁卫生。

2. 在山西养羊，可以养殖什么品种?

在山西，如果养肉羊的话可以考虑养殖小尾寒羊，或者是波尔山羊与当地品种的杂交后代。

3. 计划养殖波尔山羊，下的崽用来当育肥羊饲养。这种波尔山羊该如何选择，是用高纯的波尔母羊，还是杂交第 1、第 2 代的就可以?

如果是用胚胎移植生产，对母羊品种没有要求。如果是人工授精或自然交配生产羊羔，杂交1代（父母代来源清晰）和纯种波尔山羊都可以。纯种波尔山羊后代性能一致性会更好。杂交2代不建议使用。

4. 羊的耳朵上标有3150404，上面的数字各代表什么意思？

该数字串是羊的耳标，其中前面的“3”代表羊，后边“150404”代表内蒙古赤峰市松山区。

5. 三四个月大的小尾寒羊母羊和一岁龄的种公羊哪里有卖，各多少钱一只？圈养一年四季喂玉米秸或谷子秸，适合吗？养殖时该注意些什么？

（1）小尾寒羊母羊和公羊在山东、河南等地均有销售，但价格有波动。山东一养殖场的参考价格为：小尾寒羊：3～4个月价150～220元/只，纯种小尾寒羊：10～14个月，价500～650元/只。

（2）圈养不能只喂单一的玉米秸和谷子秸，最好多种饲料搭配。小尾寒羊常用饲料有：

青绿饲料：青饲玉米、青饲大麦和燕麦、黑麦草、无芒雀麦、苜蓿、草木樨、紫云英等。

粗饲料：干草、秸秆（玉米秸、麦秸、稻草、谷草、豆秸等）、秕壳（豆荚、谷类皮壳、棉籽壳等）。

青贮饲料：青割带穗玉米或青玉米秸、各种青草。青贮原料的要求是：细茎牧草以7～8厘米为宜，玉米等较粗的秸秆最好不要超过1厘米。

（3）养殖注意事项：

①注意种羊质量。一些养殖户虽处产区，所养小尾寒羊也属正宗，但缺乏科学养羊知识，长期近亲交配造成品种退化，逐渐形成退化了的群体，或较原始的类群。这些退化群体虽外貌与小尾寒羊无明显差异，但发育慢，个头小，腿较短，产羔少；而优选优育的小尾寒羊生长快，个体大，产羔多，肉质好。因此，在购种时一定要到正规

有种苗经营许可资格的单位购买。

②注意真假。小尾寒羊以其性能好，产羔多，生长快，个头大，肉质好而名扬国内外，走俏高效养殖市场，迅速吸引了大批有识之士竞相引种开发。但开发中难免泥沙俱下，少数骗子也混杂其中。他们以假充真，使致富心切但不辨真假的买主上当受骗，造成经济损失。主要注意陕西“同羊”、新疆“和田羊”、“湖羊”与小尾寒羊的区别，小尾寒羊腿高，个大，背腰平直，被毛全白，尾型圆且小。

③注意优劣。一些不法之徒为赚钱而不择手段，比如他们将已经失去生产能力的老龄小尾寒羊的中间2个门齿拔掉，之后谎称为刚刚换牙的年轻羊，以老充小，欺骗买主。

④注意寒羊特性。小尾寒羊的中心产区地处黄河冲积平原，适合舍饲和半舍饲，不适合过度放牧。

⑤注意市场。小尾寒羊体躯狭窄，前胸不发达，后躯不丰满，肋骨开张不够，因而影响其产肉性能，加之部分地区对寒羊认识不足，认为绵羊肉具有膻味，导致市场价格偏低，影响经济效益。

（五）其他牲畜

1. 养牛喂什么牧草好？

国内常用的主要有苜蓿、羊草、秸秆类青贮。牧草的收割时间、储存方式还有加工工艺都会影响到牧草的品质。以玉米秸秆为例，在秸秆变黄、籽实硬化之前，其品质要远远优于变黄之后的秸秆品质。不同品种、不同来源的苜蓿之间粗蛋白含量和其他营养成分之间都存在差异，主要是收割时间、加工工艺不同带来品质的差异。

从经济学角度考虑，最佳的选择就是充分利用当地材料，选择合理加工、储存方式，来降低养殖成本，提高养殖效益。

2. 母牛不爱吃草，常在草里挑精料吃，有什么解决办法？

牛在草里挑精料吃是正常现象，因为精料口感好于粗饲料。由于牛是反刍动物，日粮中必须有粗饲料。精饲料要定量投喂，不能采食太多。把粗饲料粉碎后和精饲料拌在一起，牛就不容易挑食了。

3. 小苏打在肉牛养殖中的作用？有什么注意事项？

(1) 小苏打（碳酸氢钠）在肉牛养殖中的作用有：

促进肉牛生长：小苏打对肉牛有增进食欲，加强消化，调节体内酸碱平衡等作用。仔肉牛日粮中添加 0.5% 小苏打，能提高仔肉牛采食量，促进增重。育肥肉牛每头每天加喂小苏打 3~4 克，可降低单位增重饲料消耗。屠宰前，给肉牛口服小苏打可延迟屠宰后的 pH 值下降，从而减少 PSE 劣质肉的发生，提高肉质。

防止黄白痢：产后哺乳母肉牛日粮中添加 2% 碳酸氢钠，可增强母肉牛体质，防止仔肉牛黄白痢的发生，提高仔肉牛成活率。对患黄痢、红痢和白痢的仔肉牛，饮用口服补液盐溶液（配方是碳酸氢钠 2.5 克、氯化钠 3.5 克、氯化钾 1.5 克、葡萄糖 20 克，加温开水 1 000毫升)，药液现用现配，1 天多次，能增强仔肉牛的抗病力，提高成活率。

降低黄曲霉素：方法是将 100 千克玉米浸入 200 千克 1% 的碳酸氢钠溶液中，10 小时以后捞出，用清水冲洗干净即可。

预防热应激：高温季节在每千克饲料中添加 250 毫克碳酸氢钠，可有效缓解热应激对肉牛的不利影响。

治疗中毒：一是治疗呋喃丹农药中毒。用 3% 碳酸氢钠反复洗胃后，用硫酸钠导泻，然后肌肉注射 1% 阿托品。重症病例除采取上述措施外还要用 5% 碳酸氢钠进行静脉注射，以保持尿液呈碱性反应。二是治疗亚硝酸盐中毒。将大蒜 2 头捣碎，加入雄黄 30 克、小苏打 45 克，再加入 3 个鸡蛋清、石灰水上清液 250 毫升，分 2 次灌服。三是治疗肉牛棉子饼中毒。可用 5% 碳酸氢钠溶液洗胃或灌肠。胃肠炎不严重时，可内服盐类泻剂；胃肠炎严重时，可内服消炎剂、收敛剂。

(2) 应注意的事项。使用小苏打应避免和有机酸等药物同时使用；使用应适量。过量会造成碱中毒，并要相应减少食盐用量，以免

畜禽摄入过多的钠盐；用敌百虫驱除家畜体内寄生虫，应忌喂碳酸氢钠等碱性物质，否则，会生成毒性很强的敌敌畏而引起中毒。

4. 养獭兔有市场前景吗?

獭兔毛皮质量佳，兔肉营养价值高，市场前景比较广阔，近几年有上升趋势。然而目前市场品种质量参差不齐，管理要求较高，生产销售脱节等问题存在，因此，不建议盲目投资。

5. 有没有好的方法提高母兔产奶量?

由于母兔奶水不足，而仔兔又较多，常引起母兔拒绝哺乳，造成仔兔死亡。因此，给哺乳母兔人工催奶是养育好仔兔的重要措施。方法有:

母兔产崽后1~2小时内，取米汤水50~100毫升，加入红糖5~10克，拌匀后给母兔饮用。

用豆浆20毫升，煮熟凉温，再加入捣烂的生大麦芽50克，最后加入红糖5克，将三者混合后供母兔饮用，每天1次，连喂3天。

每日适量投喂具有催奶作用的蒲公英、胡萝卜和生大麦。可以单一投喂，也可用2~3种配合投喂，每日每只母兔投喂50~100克，连续饲喂2~3周。

把黄豆煮熟晾干，每日投喂1~2次，每次投喂10~20粒。

将蚯蚓用开水烫死，焙干或晒干，研成粉末，添加在饲料中喂母兔，每日每只喂1条。

用芝麻一小撮，花生米10粒，食母生3~5片，捣烂混合后饲喂，每天1次，连喂3天。

用人用催乳片，每只母兔每天3~4片，连喂3天。

二、疫病防治

（一）禽类

1. 如何预防鸡发瘟？

鸡瘟是由鸡新城疫病毒引起的一种高度接触性和毁灭性传染病，易感动物主要是鸡，传播快，死亡率几乎高达100%，一年四季均可发生，尤其在冬春季节流行较普遍。

此病目前尚无特效药品治疗，主要靠采取措施预防。首先，要做好鸡舍卫生和消毒工作，其次，要做好疫苗免疫工作。一般7日龄采用新城疫克隆30或Ⅳ系滴鼻点眼，2~3周后重复免疫一次。如果是疫病流行地区，可以在第二次免疫时同时注射新城疫灭活苗。如果饲养蛋鸡则在110~120日龄用灭活苗再免疫1次。

如果鸡已经感染了鸡新城疫病毒，要及时进行补救。首先，要迅速把健康鸡与病鸡分开转移到另外的地方，避免或减少接触，控制传染范围。其次，要采用鸡新城疫活苗作紧急免疫。第三，每天要将鸡舍、运动场、饲槽和饮水器等彻底消毒1次。第四，做好病死鸡处理，将尸体、背毛、粪便、垫草、分泌物和污染物等收集起来一并烧毁。第五，给鸡投喂一些抗生素药物，防止继发感染。

2. 咨询20多日龄白羽肉鸡出现高死淘率的原因？肉眼剖检能确定肉鸡贫血吗？贫血与种鸡有没有关系？

白羽肉鸡普遍出现5%~8%死淘率可能与H9N2亚型低致病性禽流感有关，但还是需要当地兽医部门的确诊。贫血肉鸡，临床上可以观察到消瘦，鸡冠、肉垂和可视黏膜苍白，皮下和肌肉出血，翅尖出血，血液稀薄，血凝时间延长。现在许多肉种鸡厂孵出的鸡雏都患有贫血，建议从种鸡上阻止垂直传播。

3. 暖棚养殖，鸡龄24日，棚内总共养殖肉鸡4 000只，一周来每天出现雏鸡死亡30只左右，约占5%。鸡舍环境和管理正常，下午清出的鸡粪便也基本正常。出现该死亡现象是什么原因？

通过对新死亡的雏鸡进行解剖，并根据在鸡舍的仔细堪验，发现鸡舍温度较高，室内通风较差，90%以上的鸡张口呼吸，因此，雏鸡死亡是因为鸡舍通风不良、温度过高引起的呼吸道应激造成，不存在重大疫病。该问题处理方法如下：

（1）加强通风，改善鸡舍空气环境。

（2）尽量降低温度，使雏鸡生长速度下降，抗逆性提高。

（3）暂时不使用药物免疫，适当喂少量抗生素。

（4）加强饮水设备清洗，因为高温条件很容易使细菌滋生，对雏鸡健康造成威胁。

在冬季，很多养殖户为了获得更大经济效益，往往采取提高温度的做法，使雏鸡获得较快生长速度，这样雏鸡生存压力增大，很容易造成应激死亡，应当适当降温放缓生长速度，否则雏鸡死亡率升高，养殖户经济效益一样会下降。

4. 养殖三黄鸡2 300只，开始时一天死一二只，后养殖7天，一天死亡大约20只，这是什么原因？

首先要检查一下饲养环境，如空气的湿度、温度等是否在正常范围内。其次观察鸡有无白痢情况。最后如果这些情况都排除，就要看看是不是鸡（苗）本身的问题。建议将病死鸡拿到当地兽医站请兽医师检查一下，以确定真实的病因。

5. 鸡球虫病该如何防治？

对于球虫病几乎都是用药物预防的方法来代替治疗。用于防治球虫病的药物有很多，无固定使用种类。由于球虫比较容易对药物产生耐药性，因此，在使用抗球虫药时，应选择两种或两种以上不同的药物交替使用，才能取得较为满意的效果。当出现出血性球虫病时，应适当补充维生素 K 和维生素 A，可大大降低球虫病造成的死亡率，提高康复率。在温暖潮湿的天气，勤换垫料，保持鸡舍干燥和卫生，是控制球虫病爆发的有效手段。

6. 鸡吃食后胀肚不消化是怎么回事?

该问题可能由以下几方面原因引起：

（1）饲料及水质不良。

（2）突换饲料，不同的饲料更换没有过渡期，造成消化不良。

（3）应激因素。

（4）特定的病原微生物的侵害。

7. 天气比较热，鸡感冒吃什么药?

夏天感冒一般属于风热感冒导致，应对症治疗。可以用阿莫西林、银翘解毒颗粒等药物。

8. 鸡龄 58 天，出现打鸣似的声音，眼睛流泪，是什么原因？如何防治?

（1）日常养鸡过程中，经常遇到鸡流泪、打鸣等问题，引起这种疾病的主要原因有：

①病毒性疾病：如禽流感、禽的脑脊髓炎、传染性支气管炎等；

②细菌性疾病：如大肠杆菌、葡萄球菌等引起的疾病；

③支原体引起；

④环境因素：如鸡舍中硫化氢、氨气、一氧化碳（俗称“三气”）浓度过高等。这些气体会严重污染鸡舍环境，引起鸡群不适甚至大批死亡。

（2）发生以上情况，应及时与兽医技术人员取得联系，确诊后用药，以免发生用药不当而耽误病情的治疗，造成不必要的损失。平时在饲养过程中，要注意随时观察鸡群，及早发现异常变化及时治疗。另外，冬天天冷且干燥，在给鸡群保暖的同时一定要做好通风，保持卫生。

9. 产蛋鸭能不能驱虫？要用什么驱虫药，会不会影响产蛋量？产蛋鸭饲养在热的地方该如何防止产蛋率下降？

（1）产蛋鸭可以进行驱虫。

（2）驱虫用普通的伊维菌素即可，不影响产蛋量。

（3）注意防暑降温、遮阳，舍内保持良好的通风，有条件的话可以安装水帘。及时清扫圈舍，勤换垫草，保证充足的清洁饮水。饮水中加入维生素 C 或饲料中加入小苏打都可缓解热应激，防止产蛋率下降。

10. 鸭群到 20 多天的时候开始出现瘫痪现象是什么原因？

脑组织炎症是引起瘫痪的主要原因，可以进行解剖，以获取一些脑组织送到检验机构，通过病理切片或病毒分离等手段作出诊断，然后针对性进行治疗。

11. 鸽子无症状死亡，是什么原因？

鸽子突然死亡，可能是应激、中毒等原因造成的。此外，死亡前的精神、采食、粪便等都应该会发生一些变化。在日常的管理中应该注意多观察，以便能为正确诊断提供依据。建议将发病鸽与其他的鸽子隔离，对死亡鸽子掩埋或烧毁，对鸽舍进行消毒处理。

（二）牲畜

1. 刚断奶的小猪得了口蹄疫怎么治？

（1）发现猪口蹄疫症状后，应立即清除圈内的垫草，严格消毒，换上厚的、切短的垫草，或垫上清洁不带细菌的新鲜土层。

（2）初期可用高免血清治疗，剂量为 2 毫升/千克，肌肉或皮下注射。

（3）对病猪口腔用食醋或 0.1% 高锰酸钾冲洗，糜烂面上可涂以

1% ~2% 的碘酊甘油合剂。蹄部可用 3% 来苏儿冲洗，擦干后涂上鱼石脂软膏或氧化锌鱼肝油软膏。

（4）用免疫增强剂进行治疗：隔日注射一次，每 5 千克体重注 1 毫升，连续用药 3 ~5 次即愈。该药对怀孕母猪也可注射，但要同时配以注射黄体酮。也可用毒特 2000 和口腔注射液分别肌注进行治疗，3 天为一疗程，两疗程可治愈。

（5）对口蹄疫患猪还可以用戊二醛，按资料说明进行肌肉注射治疗，也很有效果。

2. 猪群中发现个别长口蹄疫，其他的还可以打疫苗吗？

口蹄疫是主要侵害偶蹄兽的急性、热性、高度接触性传染病，该病传播途径多、速度快，曾多次在世界范围内流行，世界卫生组织将其列为 A 类传染病之首。一旦发现有猪群犯病，应立即对疫点、疫区周围的易感动物进行疫苗接种，形成免疫带。此外，对病猪及其同群猪扑杀并进行无害化处理。最后，饲料、被污染的场地、用具及工作服等均应严格彻底消毒。

3. 母猪产前拉肚子怎么办？

可能是饲料、饮水，或病毒性疾病引起。建议：

（1）检查饲料、饮水，若是饲料、饮水问题，则进行更换。

（2）采集发病期和康复期双份血清检测传染性胃肠炎、流行性腹泻抗体，确诊病因。预防本病的疫苗有猪流行性腹泻 – 传染性胃肠炎活疫苗。

（3）平时加强猪场的出入管理和卫生管理，结合生物安全措施，可有效阻止病原的侵入和蔓延。

（4）加强产房消毒，保证足够的空舍时间。

4. 羊站立不稳，发烧，不吃不喝是怎么回事？

应根据当时的季节判断其流行病学，有可能是口蹄疫。但是仅从

提供的症状还不能判断，需要仔细观察有无其他症状，如口腔，蹄子周围有无溃疡等。

5. 买的小羊羔经常得病，本地兽医也看不出来得了什么病，现在已经死了三只，是什么原因导致的？有哪些方法能进行预防？

（1）如果羔羊是刚刚买回来的，很可能是因为应激所引起。

（2）为预防疾病的发生，可从以下几方面做起：一是改善舍内小环境，保持环境条件稳定。二是做好防寒保温工作。三是科学合理地饲养，饲草比例合适，适当注意添加维生素，增强机体免疫力。

6. 奶羊右乳房后侧根部长了一疙瘩，有橘子那么大，打了10支叫"乳炎消"的针没效果，这是怎么回事，该怎么治？

首先应先做个皮内实验，以排除结核。即用结核菌素打在羊脖子皮内（皮中间，不是皮下），三天观察结果。若不起包，则排除结核，消炎即可。若确定是结核，则羊群必须淘汰。

7. 买了三只怀孕的奶山羊，喂了一段时间瘦了，无其他的症状，是怎么回事？

主要是机体的营养供给不足或机体的能量消耗增加而引起的进行性消瘦为突出症状的营养不良综合征，饲养过程中应给羊群多补充营养。

8. 2岁羊不爱动，是怎么回事？

要看看有无其他症状，如体温、食欲、精神状态、粪便等。若没有其他症状，应该是比较健康的。

9. 羊不吃食而且很瘦，怎么办？

可采取以下方法：

（1）喂点健胃的药。

（2）找当地兽医检查一下，看是否有寄生虫。

（3）精料如果超过400克/只·天，应该适量减少精料量。

（4）如果有放牧的草场，可将羊放牧，放牧时间可大于2小时/天，持续7天。

（5）检查饲料是否发霉、变质，确定是否是因饲料原因导致羊群没有食欲。

10. 羊头部长头包怎么治疗？

可以用手摸一下这个包的软硬程度。如果是软的，里面可能是液体，可用注射器尝试能否把液体抽出来。如果是硬的，可以切除后做病理检查以明确诊断。

11. 羊站立不稳，时常跌倒，好像是脑膜炎，请问怎么样预防与治疗？

仅根据描述的症状，很难判定是什么病因，因为很多因素都会引起这种症状，建议找当地兽医做详细的诊断。此外，平时要加强饲养管理，注意防疫卫生，防止传染性、寄生虫性以及中毒性病原的侵害。

12. 羊不消化，有胃胀气，怎么治疗？

如果涨的厉害，可以找当地兽医做瘤胃穿刺放气，或是打一针消气灵，然后尽量少喂一些精料，多喂一些青草。

13. 羊没精神怎么办？

很多原因都会引起羊没精神，如饲料、饮水，饲养环境，细菌病和病毒病都会引起羊的精神沉郁。要先看看有无其他症状，不要盲目用药。注意加强平时的饲养管理，做好圈舍通风和卫生工作。

14. 羊怀孕后还能喂服驱虫药吗？氨化和碱化秸秆能喂怀孕母羊吗？

（1）怀孕的母羊最好不要用驱虫药物，以防止流产。

（2）氨化和碱化秸秆可以喂怀孕母羊。

15. 用于治疗牛长癞的处方——石灰、硫黄、菜油如何配比？牛的癞会不会传染给人？

（1）治疗牛长癞的处方配比为：硫黄粉 12 克，生石灰 60 克，菜油 750 克。

（2）人一般是不会感染的，但在养殖操作过程中，人也要加以防护。

16. 请问奶牛布氏杆菌病怎么治？

奶牛布氏杆菌病是由布氏杆菌属的细菌所致的一种急性或慢性传染变态反应性疾病，羊、牛、猪等都是其传染源。该病以流产、早产、死产为特征性病变，可通过口、皮肤、配种、黏膜等途径感染。我国一般采用免疫预防措施，并定期检疫，隔离、捕杀、淘汰检疫阳性的牲畜，对病畜污染的畜舍、运动场及用具要严格消毒。

17. 牛一趴下就站不起来，是怎么回事？

很可能是因为缺钙所引起的，建议给它补一些液体钙以便于吸收。

18. 使用伊维菌素给肉牛驱虫时能否同时添加小苏打？

小苏打常与磺胺类抗生素合用，以减少磺胺类药在尿液中析出结晶。由于小苏打会产生沉淀或分解反应，最好不要和伊维菌素配伍使用。

19. 家养种兔，有两只出现了精神不振，不吃食的症状，其他无异常，怎么办？

仅从有限描述症状很难知道原因。建议先不必盲目用药，可在添加饲料之外，喂一些蔬菜、水果。此外，兔子喜欢干净，尽量为其营造一个舒适良好的环境。

三、水产养殖

1. 要求了解水产养殖新品种——鳕鱼

江鳕是鳕形目、鳕科中唯一的淡水鱼类，又名山鲶鱼、山怀子、山鳕，也是中国冷水鱼类的珍稀物种，属于典型高寒水系的冷水性鱼类，分布于欧洲里海、黑海的河道、港湾，我国新疆额尔齐斯河、黑龙江水系及鸭绿江上游，北美洲部分河流。目前是世界抢救性开发的品种之一。

江鳕营养丰富，具有较高的经济价值、药用价值和特殊的科学研究价值，在国际上属于高端消费品种。全人工养殖作为世界性研究课题，十几年来一直未有突破性进展。

目前其自然种群数量急剧下降，且群体低龄化和小型化严重。以往，我国对江鳕的研究较少，江鳕人工繁殖技术也是在近年才取得成功，而有关江鳕苗种培育与成鱼养殖方面的研究在国内尚属空白。

2. 咨询黄鳝养殖技术

黄鳝属于亚热带鱼类，广泛分布在中国、日本、泰国、菲律宾、越南等东南亚各地。我国主要分布在长江流域的四川、湖南、湖北、江西、安徽、江苏、浙江以及珠江流域的广东、广西等地。黄鳝属于冷血变温动物，它的体温会随着环境温度的变化而变化。适宜黄鳝生存的水温为1～32℃，最适生长水温为21～28℃，当水温低于10℃时，黄鳝会停止进食，当水温高于32℃时，黄鳝会出现打旋等焦躁不安的状况，几分钟内就会死亡。

黄鳝喜欢阴暗的环境，钻洞穴居。在黄鳝种种与众不同的习性中，这是人工饲养唯一能够改变的。野生的环境下，黄鳝在洞穴里边，它需要一个藏身的地方。我们可利用水浮莲、水葫芦、水花生之类的水草，供它栖息。

一般对水质来说，使用干净的池塘水、井水河水都可以，主要是没有污染的水都可以。

要生产优质无污染的黄鳝，首先得保证饵料的营养及其安全性。黄鳝属于以动物饵料为主的杂食性鱼类。从节约成本的角度，可以投喂人工培育的蝇蛆和蚯蚓。需要注意的是，无论蝇蛆还是蚯蚓，在投喂黄鳝以前，都必须先用浓度为每吨水 3 ~ 5 克的高锰酸钾溶液进行消毒。

健康的黄鳝，周身的黏液很丰富，体表没有受伤的现象，也没有其他任何的病状。幼苗可以按照每平方米 1 ~ 3 千克的密度投放到鳝池里。投鳝入池的当天晚上，就应该开始投喂饵料。接着进行驯食。驯食的目的主要就是让黄鳝从野生的环境到人工养殖环境下，习惯人工投喂的饵料。一般黄鳝是晚上吃，要驯化它们在白天，天黑以前吃。驯食一般用蝇蛆、蚯蚓，先在池子里撒上一些，让黄鳝习惯一下，然后再逐步把投料的地点移到空白的地方。驯食另外讲究的是一食多餐制，就是要根据黄鳝进食的情况多次投喂，这样可以避免有饵料剩余污染水质。同时，需要经常检查巡视黄鳝的生活状况。夏天日照量高的天气还要架设遮阳网，来降低光照强度、避免水温升高。

3. 蚯蚓养殖的用途和相应种类有哪些？

在蚯蚓养殖中，要根据所需蚯蚓用途来选择不同的蚯蚓品种，才能收到预期的养殖效益。介绍几种不同用途的蚯蚓：

作中药材：适宜养殖的蚯蚓品种主要是参环毛蚓，又名广地龙。该品种个体较大，长 120 ~ 400 毫米，直径 6 ~ 12 毫米，背面紫灰色，后部颜色较深，刚毛圈稍白，喜南方气候，食肥沃土壤。

产粪肥农田：这种用途的蚯蚓品种主要有白茎环毛蚓，体长 80 ~ 150 毫米，直径 2. 5 ~ 5 毫米，背部中灰色或栗色，后部淡绿色，腹面无刚毛，喜南方气候和在肥沃的菜地、红薯田中生活，松土、产粪，肥田效果较好。

作水产饵料：代表品种有湖北环毛蚓等。该品种长 70 ~ 220 毫米，直径3~6毫米，全身草绿色，背中线紫绿或深绿色，常见一红色的背血管，腹面灰色，尾部体腔中常有宝蓝色荧光。环带三节，乳黄或棕黄色，喜潮湿环境，宜在池塘、河边等湿度较大的泥土中生活，在水中存活时间长，不污染水质。

林业用蚯蚓：该类蚯蚓主要有威廉环毛蚓，长90~250毫米，直径5~10毫米，背面青灰、灰绿或灰黄色，背中线青灰色，喜在林、草、花圃地下生活，产粪肥田。

生产蚯蚓肉、蚯蚓粪：这种蚯蚓为爱胜属类，较常见的是赤子爱胜蚓，全身80~110个环节，环带位于第25~33节。自4~5节开始，背面及侧面橙红或栗红色，节间沟无色，外观有明显条纹，尾部两侧姜黄色，愈老愈深，体扁而尾略成钩状，适宜我国多地区养殖，喜吃垃圾和畜禽粪。

4. 蟾蜍的品种特征和生活习性是怎样的？什么样的环境适于养殖？

（1）蟾蜍的品种特征及生活习性

①蟾蜍的品种特征及分布：蟾蜍俗名癞蛤蟆。主产于中国、日本、朝鲜、越南等国家，广泛分布于我国南北地区。常见主要品种为中华大蟾蜍，花背蟾蜍和黑眶蟾蜍3种。这几个品种个体大（体长10厘米以上），背面多呈黑绿色，布满大小不等的瘰疣。上下颌无齿，趾间有蹼，雄蟾蜍无声囊，内侧三指有黑指垫。

②蟾蜍的生活习性：蟾蜍雌雄异体，产卵于浅水中，孵化繁殖成蝌蚪，幼蟾蜍水陆两栖，喜欢湿、暗、暖避光地方。夏秋季节，白天常栖息于沟边、草丛、灌丛、屋后砖墙乱石孔洞阴暗潮湿处。傍晚和清晨出来捕食蚯蚓、蜗牛、昆虫并兼食嫩草嫩叶等。半夜成群活跃于露地。冬季气温下降到10℃以下进入土穴、乱石洞中或水底泥中冬眠。次年春季气温回升到10~12℃时，又出来开始活动，捕食昆虫，繁殖产卵。

（2）蟾蜍的养殖环境

蟾蜍最适宜于野外天然环境条件中饲养。选择村庄附近，四周有草丛、灌丛并靠近水源，排灌方便，常年不干涸的池塘、水田、水沟、沼泽地放养，四周设1米以上围栏，产卵水域须静，有水草。也可在稻田、藕池中放养，但应设围栏防逃，注意科学施用农药，防止药死蟾蜍。还可建人工养蟾蜍场，场周围设围墙、场内建养殖池、繁殖产卵池、孵化池。养殖池周围种植饲用牧草及蔬菜，供蟾蜍避光栖息。池中投放少量水浮萍、水葫芦等水生植物，调节水质，繁殖水蚤供蟾蜍捕食。还可在场中安灯诱杀昆虫作为饵料，或人工养殖蝇蛆、黄粉虫、蚯蚓等高蛋白鲜活动物饵料，保证蟾蜍不缺饲料。

5. 北京市顺义区适合养蚯蚓吗？

北京地区可以养殖蚯蚓。

蚯蚓养殖作为一个行业已在我国蓬勃发展，其产品已被广泛应用于工业、农业、医药、环保、畜牧、食品及轻工业等领域。蚯蚓粪的利用也非常广泛，现已开发出花卉专用肥、草坪专用肥、果树专用肥、绿色蔬菜肥以及利用蚯蚓粪加工成畜禽及鱼的饲料等。蚯蚓业作为一个朝阳产业，具有广阔的市场前景和发展空间。

蚯蚓是喜温、喜湿、喜安静、喜黑暗的穴居动物，一生均在土壤中度过。以腐烂的有机质废物为食，喜食带有酸甜味的食物。目前人工养殖蚯蚓主要采用牛粪，也有的利用糖渣、猪粪、鸡粪、农作物秸秆及生活垃圾等。适合人工养殖的蚯蚓应选择那些生长发育快、繁殖力强、适应性广、寿命长、易驯化管理的种类。目前最优良的品种有大平二号、北星二号等，它们是赤子爱胜蚓经人工驯化的品种，其他的还有环毛蚓、爱胜蚓、杜拉蚓等。

6. 山西运城可以养殖海马吗？

海马属于海水养殖生物，需要水体具有一定的盐度，沿海具备养殖的基本条件，可以进行养殖。内陆只有创造符合海马生活的条件的水域，才能进行养殖。养殖所需的基础设施、运转条件等成本，需要综合考虑。

7. 想通过养殖福寿螺来提供动物性饲料，以降低养殖成本。请问福寿螺的养殖技术是怎样的?

福寿螺又名大瓶螺、苹果螺，是一种大型食用螺类。其外形与田螺相似，个体大，螺壳薄肉多，蛋白质含量为60%，可作为高蛋白饲料。福寿螺繁殖率高，一只雌螺1年可繁殖上万幼螺；生长快，刚孵出的幼蚴饲养3～4个月、体重可达50～80克，最大的可达110克；产量高，年亩产达2 500～5 000千克；食性广，各种青绿饲料都可摄食，几乎不需商品饲料；易饲养，凡没有严重污染的水体都可养殖；成本低，饲养福寿螺可白手起家，不花或少花本钱。其养殖技术主要有以下几个方面：

养殖条件：福寿螺喜阴湿、怕光线，适宜生长在水沟、浅水低洼地、鱼塘、农田、水渠和人工建造的水泥池里。一般水深50～100厘米为宜。也可在大小水域中（如湖泊、水库、河流等）用网箱高密度养殖，家庭小批量饲养可用水缸、水槽和盆等。饲养福寿螺水体的埂、坝要高出水面30厘米以上，以防螺产卵时爬出，或邻近鱼塘杂食性鱼类进入吃掉幼螺。在其注排水口要装上铁丝网、聚乙烯布或竹箔等拦网设备，以防排水时外爬。在离农户较近的螺池必须在四周设置竹篱笆等拦阻设施，以防畜禽侵入。利用旧池塘养殖福寿螺之前，必须把水排干，彻底清除杂食性鱼类，如黑鱼、鲤鱼、罗非鱼、鲫鱼及其他野杂鱼。另外，饲养福寿螺的水质一定要保持清新。

种螺放养：选择健康、活跃、螺壳无破损、体重在30～50克、当年长成的种螺放养。一般每平方米放养60～80只种螺，雌、雄螺放养比例为（4～5）：1。在放养种螺的池塘中，要插些竹竿、木条等固定物，供其产卵附着。

饲养管理：福寿螺是一种杂食植物性螺类，以植物性饲料为主，也摄食少量精饲料。15日龄以内的幼螺，消化系统不发达，食量也不大，主要摄食浮游生物和腐殖质。在此阶段，以水质肥沃、浮游生物丰富为好。15日龄以后的幼螺和成螺即可喂给青菜、水葫芦、水

浮莲、水花生、水草和瓜果皮等饲料，也可喂猪、牛粪、鸡屎、花生饼、米糠、麸皮等。种螺除投给青饲料外，还应多投喂一些糠、饼等精饲料，最好能掺喂一些干酵母粉和钙粉，以增加种螺的营养，提高种螺的产卵量和孵化率。

在适宜的水温条件下，福寿螺的食量很大，几乎整天都摄食，尤其是傍晚摄食量最大。因此，在此阶段一定要保证供应充足的饲料。管理上，一要每隔3～5天换水1次（或换去部分），保持水质清新；二要防止农药、石油和石灰等碱性强的物质污染水质；三要注意水温的变化，福寿螺最适宜的生长温度在24～30℃，当水温低于10℃或高于40℃时，在有条件的情况下，应及时采取保温与降温措施，谨防福寿螺生长发育受到抑制。

人工繁殖：福寿螺雌雄异体，卵生。一般幼螺养殖100天左右就能产卵繁殖。性成熟的雌螺，每隔5～10天产一次卵。但在孵化期间要防止蚂蚁、蜘蛛、蟑螂等天敌的为害。为了提高繁殖率，也可采用人工孵化法，即用一只水缸放10厘米深的水，在水面上放一个5毫米网孔的窗纱盘，用刀把福寿螺产在池壁上的受精卵块刮下，放在盘内，保持28℃水温，经12天即可孵出幼螺来。

种螺越冬：福寿螺一般在10℃以下停止摄食、生长、进入休眠状态。5℃左右为死亡临界温度。保温方法要因地制宜，可采用温泉、发电厂热水、塑料大棚、室内加热等方式保温，或置于深井中保温。其保温温度应高于6℃以上。

8. 请问在安徽省芜湖地区能不能养殖虹鳟鱼？

只要具备流量大于20升/秒的流水，且水温全年大部分时间能低于20℃的条件，水质清澈没有任何污染，修建流水池，即可养殖虹鳟鱼。

9. 咨询淡水鱼（鲤鱼、草鱼）身上长白斑是怎么回事？

主要由于操作不当造成鱼体受伤且水温偏低，或由于运输水温和暂养水温温差较大造成的鱼体感染，可先用浓度为3% ~5%的食盐水进行浸泡处理，即可有效防止感染扩散。

10. 北京能否养殖黄鳝?

北京可以养殖黄鳝，但因为有越冬，会有生长期长或养殖成本高的问题。黄鳝不是雌雄同体，而是有性转化现象，因此，需要不同年龄的成体进行繁殖。

11. 北京牛蛙养殖能否成功?

北京可以进行常规养殖和温室大棚工厂化养殖牛蛙，冬季需要保温，增加了养殖成本，能否盈利，需要进行市场调研和掌握成熟的养殖技术。牛蛙养殖要点有如下几个方面。

（1）选择场地

养殖场一般要求：水源充足，排灌方便；水质要求无污染，达到渔业水质标准；冬暖夏凉，远离嘈杂；交通便利、供电充足，以方便养殖生产。其中水源条件的好坏是养蛙成败的关键。

（2）建造蛙池

以每100平方米为一个大池，再把每个大池平均分成4个小池。池边用40目的筛绢网围好，筛绢要高出池底1米，筛绢底部应有20 ~30厘米埋进土里；池埂高40厘米，坡度1∶3，水位保持在30 ~40厘米，水层深度不能低于20厘米，否则蓄水量太少，水易浑浊，牛蛙易得病；宜采用长方形池子，便于操作；用口径10 ~12厘米的塑料管作为给水管，进、溢水孔设置的地点应在每个大池的对角；每个小池子里放4块80厘米×40厘米具有浮性的白色泡沫塑料板作为牛蛙的休息台；池子上方用黑色太阳网遮阳，以防夏季太阳暴晒。

（3）放养

放苗前，干池每亩用生石灰50 ~75千克或漂白粉10 ~15千克（有效氯含量在30%左右）进行消毒。一般清池消毒10天即可放苗。放养前幼蛙可用百万分之二十的高锰酸钾液浸洗10 ~20分钟。浸洗

时要有人员在场观察，发现异常情况马上将蛙苗取出。幼蛙期放养密度为60～80只/平方米，随着个体差异的变化，再进行分级分池放养，成蛙期放养密度为30～40只/平方米。

（4）饲养管理

①巡池查看

每天早、中、晚各巡池一次，检查筛绢网是否出现破洞，如果有破损必须马上修复，防止牛蛙外逃，保证24小时不间断地流水，每天至少达到300%的换水率；溢水口处可用塑料插管的升降来控制水位的高低，一般水深保持在30～40厘米，并且保持水质清新。还应注意观察，牛蛙摄食与活动情况若有异常现象，应及时采取相应的治疗措施。

②饲料投喂

主要以浮水性配合饲料为主。投喂前半个小时先将配合饲料用清洁的水泡湿，使饲料稍微软化膨胀，这样可以预防饵料吸收池中的污水，消除牛蛙食后肠胃发生疾病，也可以促进牛蛙对营养的吸收。日投饵量保持在蛙体重的7%～15%。投饵量除按蛙体重计算外，还应根据气候、水质及残饵等情况酌量调整，做到少量多次。投喂量以半小时内吃完为宜。

③分级饲养

在牛蛙饲养过程中，为防止发生互相残食的现象，每隔一段时间要及时将规格相差较大的个体进行筛选分级，把规格相同的牛蛙调整到同一口池进行饲养，防止大蛙吃小蛙，同时注意控制养殖密度。

④疾病的防治

牛蛙养殖过程中要切实做到“以防为主，防治结合”。放养前进行清塘消毒，用生石灰或漂白粉进行消毒，杀灭敌害生物和病原体，并定时用漂白粉或强氯精全池遍洒消毒。分池后控制合理的养殖密度，并及时用20毫克/千克的高锰酸钾对蛙体进行消毒，防止机械损伤使病原体传播。发现病蛙、死蛙及时找出隔离。除此之外，还要用高浓度的漂白粉或高锰酸钾溶液对工具进行消毒。饵料的投喂做到

“四定”，即定点、定时、定量、定质。当养至成蛙时，出现个别歪头和红腿现象，需要及时挑出隔离，用15 毫克/千克的强氯精连续消毒5 天，同时加大换水量。

12. 请问现在在北京郊区开办养殖场需要什么手续，目前北京有什么具体政策？

如果是规模化养殖场选址必须在六环外，远离居民区和水源保护区。需要到当地相关的动物卫生管理部门办理畜禽防疫合格证。具体手续及政策可以咨询欲选址地区的动物卫生管理部门。